Irlandes parallèles

Ce livre est dédié à tous mes amis qui m'ont aidé à dépasser les fictions britanniques pour entrer dans la réalité irlandaise. Merci, entre autres, à Gareth Hill, Graínne Mooney, Robert Dee, Mairéad Mitchell, Rachel Andrews, Emer O'Beirne, Colin Keaveney et Derval Conroy. Je tiens aussi à remercier pour leurs conseils et leur encouragement précieux Doireann Ní Bhrirain, Maurice Goldring et Pascale Cuchet.

Ouvrage traduit avec le soutien du Centre national du Livre et de l'Association française d'Action artistique (ministère des Affaires étrangères)

Tél. : 40.26.06.06. Fax : 40.26.00.26. ISBN : 2-86260-581-6. ISSN : 0336-5816.
Dépôt légal : 1er trimestre 1996. Imprimé en France.

Irlandes parallèles

Deux histoires, deux destins, une attente

Dirigé par Peter Snowdon

Éditions Autrement - Collection Monde HS nº 93

Nous vivons à une heure où histoire rime avec espoir.

Seamus Heaney,
Prix Nobel de littérature, 1995.

Sommaire

Préface 8
Peter Snowdon

1. *Le royaume désuni* 11

Prologue, (presque) en temps de paix 12
Peter Snowdon

Belfast, décembre 1983. La première rencontre d'un jeune Anglais avec cette ville « étrangère ». À travers des souvenirs embrouillés, la découverte du rapport ambivalent qu'entretient l'ancien pouvoir colonial avec cette province où la moitié des habitants se croient plus *british* que les « vrais » Britanniques. Le malentendu et la violence d'un amour de moins en moins réciproque.

2. *Irlande du Nord (Ulster)* 27

Mo dhúiche féin. Le pays de mes ancêtres 28
Robin Glendinning

Les contraintes et les richesses de l'identité protestante, identité à jamais indécise. Car peut-on être à la fois britannique et irlandais ? Radioscopie de la psyché des unionistes par un fils hérétique, et récit de vingt-cinq ans de violence, de mauvaise foi, mais aussi d'actes de courage. Le bilan d'une société assiégée qui doit apprendre à s'ouvrir et à pardonner pour faire la paix avec elle-même. Une analyse de ses peurs intimes et de ses raisons d'espérer.

3. *Paris-Irlande : aller-retour* 97

L'avenir à reculons 98

Maurice Goldring

Le voyage d'un été, un an après le commencement du processus de paix. Qu'est-ce qui a changé dans la société irlandaise, et qu'est-ce qui persiste ? La tradition est-elle en train de se suicider ? La société archaïque que nous aimons tant s'est-elle fourvoyée dans une modernité à tout crin ? Dans ce jeu entre passé et avenir, qui y perd et qui y gagne ? Et si le seul à se sentir à l'aise dans l'Irlande « authentique », c'était le touriste français ? Les réflexions d'un *outsider* sur une société qui refuse de devenir un simple « objet » de curiosité.

4. *Irlande du Sud* 163

Cé leis tu ? À qui appartiens-tu ? 164

Nuala Ní Dhomhnaill

Du Lancashire au Kerry, de Dublin à Istanbul : un parcours insolite et en même temps « typique ». Histoires de déracinement et d'émigration, puis d'une rupture définitive avec une société conformiste et répressive. Mais histoires aussi d'un retour au pays qui ne s'achève jamais, si ce n'est que parce que ce pays n'existe peut-être plus... sauf dans la langue gaélique, millénaire et toujours à réinventer. Comment la poésie peut sauver une vie. Et comment l'Irlande, qui hait tant les femmes, en a besoin pour être sauvée.

5. *Envoi d'outre-mer*

Sojourn in the whale 220
Marianne Moore

Poème.

Biographie des auteurs 222

Préface

Peter Snowdon

« L'Irlande la folle, par le mal qu'elle te fit, t'a contraint à la poésie », ainsi parlait W. H. Auden en 1939, dans son élégie en hommage au poète W.B. Yeats qui venait de mourir. Presque soixante ans plus tard, les choses ont-elles vraiment changé ? Où est-ce le même contrat passé entre la souffrance, l'idéalisme et la nostalgie qui régit toujours la vie des Irlandais, poussant les plus doués, les plus fortunés et les plus perdus d'entre eux à chercher leur vie *ailleurs* - dans l'exil, dans la « lutte armée », dans la littérature ?

Au moment où le processus de paix en Irlande du Nord semble tenir ses promesses et permettre une renaissance culturelle et sociale, il nous a semblé important de donner la parole, non pas à des politiciens aux discours rôdés, ou à des érudits avec leurs grilles de lecture, mais à des artistes du pays lui-même, ces « antennes de la société », qui ressentent de manière plus aiguë et plus intime les transformations qui se préparent dans l'inconscient collectif, et qui cherchent des paroles neuves pour les annoncer.

Pourquoi vivre en Irlande ? Pourquoi avoir confiance toujours dans ce pays qui a fait tant de mal à ceux qui l'ont aimé le plus, comme à ceux qui ont appris à le détester ? Sera-t-il jamais quitte de son passé ? Par quels risques et quelles épreuves lui faudra-t-il encore passer ? Et pour quel avenir ?

Voici les questions que nous avons posées. Deux personnes nous ont d'abord répondu. L'une, femme, est poète, « catholique » et vit au Sud. L'autre, homme, est auteur dramatique, « protestant » et vit au Nord. Tous deux se disent Irlandais. Tous deux ont choisi de rester fidèles à leur pays et à ses traditions complexes et souvent contradictoires. Ils décrivent ici leur parcours individuel sans complaisance. Mais ils disent aussi sans fausse modestie leurs ambitions et leurs espoirs, et ceux de leurs concitoyens. En cours de route, une troisième personne, un Français, sociologue, voyageur, moins « spécialiste » qu'« amateur » de la culture irlandaise, les a rejoints, pour nous aider à comprendre leur pays à ce moment précis où tout semblerait être, de nouveau, à définir. Compréhension difficile, mais nécessaire, comme nous l'explique dans son prologue un Anglais qui, en tant que tel, est bien placé pour le savoir.

Tout cela fait un voyage tour à tour dépaysant, émouvant, ironique et rigoureux. Une balade irlandaise. Nous espérons que le lecteur nous saura gré de l'avoir embarqué dans cette aventure, en deçà et au-delà de tout impératif journalistique, qui cherche à répondre aux vraies questions - celles qui *commencent* avec la paix.

Peter Snowdon

1. *Le royaume désuni*

Prologue, (presque) en temps de paix

Peter Snowdon

Belfast, décembre 1983. La première rencontre d'un jeune Anglais avec cette ville « étrangère ». À travers des souvenirs embrouillés, la découverte du rapport ambivalent qu'entretient l'ancien pouvoir colonial avec cette province où la moitié des habitants se croient plus british *que les « vrais » Britanniques. Le malentendu et la violence d'un amour de moins en moins réciproque.*

Jamais je n'ai eu aussi froid qu'à Belfast.

C'était l'hiver 1984. Pour la première fois, j'allais en Irlande. Partis de Newcastle de très bonne heure, transitant péniblement ensuite par Carlisle et par Glasgow, il faisait déjà nuit noire quand nous avons embarqué à Stranraer. La traversée dura quelques heures. J'étais accompagné par un ami de Liverpool. Nous devions aller fêter le réveillon au Rugby Football Club de Ballynahinch, invités par deux amis irlandais - lui protestant, elle catholique. Pendant toute la traversée, Rob s'amusa en exerçant son accent sur le mot *Ballymeena*, qu'il trouvait particulièrement adapté à cette fin. *« I'm goin' to Ballymeena ! »* répétait-il, inlassablement. À travers les torsions monotonement hilarantes de sa voix, il me semblait voir tout un peuple se fondre dans la figure d'un seul destin, modeste et têtu, et qui se résumait à cette unique destination, dont les attraits et les terreurs restaient pour moi entièrement opaques. Vocable impérieux et impénétrable, nous l'avions bientôt vidé de tout sens. Nous étions heureux de cette distraction.

Je demandai à Rob en quoi il allait se déguiser le surlendemain. Il ouvrit son sac et me montra un bout de tissu rouge. « Ma mère m'a cousu une belle cape de cardinal ! » dit-il. Puis il rit, sans égard et sans honte. Ballynahinch se trouvait en plein territoire protestant, et les rugbymen de la province n'étaient pas connus pour avoir l'esprit particulièrement œcuménique.

Je frissonnai involontairement. Il me sembla tout d'un coup reconnaître le vrai but de ce voyage. Notre petite escapade ne serait pas des vacances comme les autres. Nous pourrions nous mettre en danger à tout moment, en endossant un simple costume de théâtre. Et si nous voulions jouer, nous trouverions bien quelqu'un pour nous prendre au sérieux. Je sentis mon cœur se serrer. Pendant deux jours, je guettai le moment où le drame devrait enfin éclater. Ce ne fut que le soir du 31, lorsque Rob descendit l'escalier de la petite maison où nous étions logés, portant la robe resplendissante d'un Père Noël parfaitement commercialo-païen, que je compris qui de nous deux avait le plus envie de jouer. Je ne pus lui pardonner tout de suite ni ma peur ni ma déception.

Et pourtant Belfast, pour moi, fut une révélation. Après ce long voyage, je m'attendais à un pays inconnu, et je me retrouvais chez moi. Les mêmes rangées de maisons ouvrières étalées sur les pentes nues des longues collines, comme si la peau de la terre avait glissé par pans entiers, laissant paraître une ossature fossilisée, douloureuse, proéminente. Les mêmes parcs de maisons bourgeoises blottis tels des nids d'oiseaux coprophages parmi des bouquets intenses de verdure, qui transformaient la nature en effet de luxe malgré leurs formes rigoureusement indigènes. Les mêmes silhouettes faisant apparaître à l'horizon une activité industrielle qui méritait de moins en moins son nom, mais qui pourtant persistait à irradier la nuit de ses lueurs orangées en vapeur de sodium

- comme si l'on y fabriquait de la lumière avec des souvenirs dépéris de la mer proche, avec des lambeaux d'eau salée.

Pour un Anglais déjà mal à l'aise chez lui, à l'ombre d'un passé tantôt mal assumé, tantôt mal nié, Belfast était à la fois autrement plus vrai que l'Angleterre, et autrement plus anglais. La lumière crue de janvier faisait ressortir ce que les brumes de Tyneside s'efforçaient de cacher. Elle me mettait devant ce que je ne voulais pas comprendre. On sortait d'une exposition d'art abstrait, on retombait le nez contre le canon d'un fusil que tenait un soldat britannique planté sur le trottoir, guettant on ne savait quoi, tant la rue de ce beau quartier était vide et ensoleillée. Il ne bougeait pas, le soldat. Comme les tableaux que je venais de quitter, il regardait tout, mais il ne me voyait pas. Comme si ç'aurait été manquer à son métier. Il avait à peine mon âge.

Mais était-ce à lui ou à moi que le métier manquait ? L'année d'avant, au concours d'entrée à la fac, il y avait eu une fille de North Armagh dans notre groupe de candidats. Avec un aplomb aussi grinçant que naturel, elle avait monopolisé la conversation après le dîner, pendant que nous étions assis à ses pieds, une dizaine d'adolescents entassés dans une chambre de dortoir suranné, buvant du mauvais café instantané dans des gobelets en plastique. Elle trônait sur un petit lit dans sa robe de bonne famille. Comment était-ce chez elle ? « Personnellement, je n'ai pas connu de mort parmi mes parents, dit-elle, mais tout le monde connaît quelqu'un qui. » Elle s'arrêta net, avala soigneusement une gorgée de café. Nous restâmes bouche bée. Dès qu'elle fut sûre de son effet, elle poursuivit : « Moi-même, une fois, je revenais d'un mariage, et, traversant la ville en bus, à l'arrêt où je devais prendre ma correspondance, un homme s'est fait tuer à côté de moi, à peine à dix mètres. J'ai dû rentrer tout de suite. Ma robe était saccagée. » Et puis elle baissa son gobelet et ses yeux, et défroissa lentement sa jupe d'un bleu ciel luisant et encore propre devant nos jeunes yeux ébahis.

Je racontai cette histoire à mes amis de Belfast qui me firent comprendre qu'en bons Irlandais ils connaissaient bien son genre, à cette fille, et qu'ils ne croyaient pas un mot de ce qu'elle avait dit.

Peut-être n'étaient-ils pas sûrs d'avoir ma pleine confiance. Alors, le soir même, pour nous montrer le vrai Belfast, ils nous emmenèrent visiter en guérilla le Falls Road, réservoir des ressentiments catholiques et repaire des sympathisants de l'IRA. Si la voiture devait tomber en panne, c'en serait fait de nous, nous assura notre hôte protestant. Le temps d'aller appeler un garage, et il n'y aurait plus au retour que la coque vide et enflammée de la Cortina. On ne décrivait pas le sort des passagers. Tant mieux. Nous fîmes plusieurs fois le tour d'un pâté de maisons, qui ressemblait à n'importe quel autre pâté de maisons d'une ville britannique des années 60. Le moteur cala trois fois au cours du parcours. Mais les rues restèrent obstinément désertes. Avec une réserve héroïque, les habitants ne soulevèrent pas même un coin de rideau, s'abstinrent de sortir dans le froid glacial pour nous abattre, et nous laissèrent résoudre nos problèmes mécaniques tout seuls. Cela fait, nous filâmes tout droit vers le centre ville pour fêter dans le pub le plus ancien de Belfast cette victoire historique et morale. Propriété du National Trust for Northern Ireland, toutes les traditions y sont préservées, même la sciure pour ceux qui, dans un effort de vaillante neutralité, crachent plutôt par terre. Dessous, le plancher est nu, usé, ni brillant ni pittoresque, mais apparemment solide.

Et puis, la nuit, nous avions froid. Le foyer du salon s'éteignait régulièrement peu avant minuit, et il n'y avait ni radiateur électrique ni chauffage central dans toute la maison. Trois fois nous dûmes changer de gîte, espérant améliorer nos conditions de vie. Partout, c'était pareil. Dehors, il faisait moins cinq ; à l'intérieur, à peine mieux. Alors je pensai à l'appartement de ma grand-mère que je visitais, enfant, où il fallait descendre de l'étage dans une sorte de fausse cour, à peine protégée des éléments, pour chercher le charbon, comme pour faire ses besoins. Mais ma grand-mère était morte depuis. Je croyais que toute cette austérité d'avant-guerre avait disparu avec elle. Comment de telles conditions pouvaient-elles persister ? J'en étais gêné, comme devant une sorte de deuil inaccompli. Alors, cet hiver-là, j'appris à courir sur place tout en restant allongé, pour réchauffer sinon mon lit, au moins mes chaussettes. Puis je me serrais en grelottant entre les deux minces couvertures que j'avais pu m'approprier, pendant que dehors le silence de la rue ne désarmait pas, et que, de l'autre côté de la pièce, j'entendais mon voisin qui murmurait à intervalles réguliers, au plus profond de son sommeil, de sa voix de fée papiste ironiquement enrhumée : *« Ballymeena... Ballymeena ! »*

*

Pourtant, mon histoire avec l'Irlande avait déjà commencé bien avant que j'y aie mis le pied.

À l'école primaire, mon cours préféré était celui consacré aux actualités. Tel que je m'en souviens, c'était plutôt une activité pratique qu'un exercice de réflexion. Davantage encore que les heures consacrées à l'art ou aux sciences naturelles, c'était le moment où nous avions l'impression de créer quelque chose, de nous mêler à la nature. Avec les journaux, nous apprenions à nous salir les mains.

La méthode était simple. Chacun disposait de son propre album. Chaque semaine, il y collait l'article ou l'image qui l'avait le plus intrigué. J'ai l'impression, rétrospectivement, que nous attendions l'explication de notre institutrice qui devait nous éclairer sur les raisons objectives, « civiques », de nos choix, mais que cette explication ne venait jamais. Alors, nous rentrions en nous-mêmes, et nos cahiers grossissaient, devenaient le testament de notre passion de savoir, dans tout ce qu'elle avait de plus dévorant, de plus futile et de plus incompris.

Toutefois, je me souviens que l'année de mes six ans a coïncidé avec le début des troubles en Ulster : la tuerie du Bloody Sunday, les émeutes qui suivirent, la renaissance de l'IRA, l'emprisonnement d'office des suspects terroristes. Les tabloïds anglais clamaient haut les nouvelles, avec une crudité impitoyable. J'abandonnai sans hésiter mes lubies précédentes : des anecdotes sentimentales ou drolatiques piquées dans le *Guardian* de mon père. Je m'approvisionnais désormais en sensations, rentrant chaque jour à la maison les bras remplis de feuilles à scandale. J'avalais sans rien y comprendre tout ce qu'il y avait de plus violemment chauvin et raciste dans la presse britannique. J'ignorais les textes, et ne retenais que les gros titres pleins de triomphe ou d'horreur, les photographies obscènes. Et je construisais au jour le jour, à travers mon album, une marche funèbre qui allait toujours en s'amplifiant, jusqu'à ce que chaque image suffît pour remplir une page entière. J'étais sourd aux tonalités grotesques de cette musique que je dirigeais. J'étais perdu dans mon ambition que je croyais toute personnelle de faire l'album le plus fort, le plus frappant, le plus magnifique de toute la classe. Personne alors ne pourrait plus m'ignorer.

Dans ma mémoire, ces souvenirs s'embrouillent et se mélangent avec ceux de la grève de la faim des prisonniers républicains qui a eu lieu dix ans plus tard. Pourquoi j'ai fait cette transposition, je ne sais pas. Mais il me semble que déjà, en 1972, nous comptions les jours, jusqu'à ce que l'image du martyre ultime vînt couronner nos travaux. Le 21 juillet, vingt-deux bombes explosèrent au cours d'un seul après-midi au centre de Belfast. Il y eut dix-neuf morts, cent trente blessés graves. Le lendemain, pour la première fois depuis des mois, je me reposai, je n'allai pas acheter les journaux.

J'avais célébré les obsèques d'un peuple que je ne connaissais pas, que je ne désirais même pas connaître. Et j'en étais fier. Personne, ni mes parents, ni mon institutrice, ni mes camarades, ne s'y opposa.

Faut-il toujours se méfier d'un Anglais qui s'intéresse à l'Irlande ?

En 1580, Edmund Spenser, jeune auteur en vue du *Calendrier du Berger*, fut nommé secrétaire de lord Grey de Wilton. Il quitta Londres pour accompagner son nouveau patron en Irlande, où celui-ci devait gouverner par l'autorité de la reine Élisabeth. À peine arrivé là-bas, Spenser découvrit brutalement la vérité de la mission coloniale. Une troupe de soldats espagnols ayant débarqué au Kerry, Grey décida de mater la rébellion catholique de manière qu'elle ne se reproduise pas de si tôt. L'armée royale investit le comté de Wicklow. Lorsque le camp espagnol se rendit, Grey tua froidement tous les prisonniers de guerre, ne faisant exception que pour les plus hauts gradés. Dans les villages qui avaient soutenu l'ennemi, les représailles furent brutales. On mit en œuvre une politique de terre brûlée. Les populations furent réduites à une telle misère que certains en vinrent, selon la relation du poète lui-même, à pratiquer le cannibalisme pour survivre. Spenser fut profondément choqué par les atrocités dont il fut le témoin. Mais il se durcit. Il apprécia en Grey l'homme d'un naturel honnête et doux, approuva sa politique, qu'il justifia par la nécessité d'éradiquer aussi bien la barbarie du peuple que la fausse foi catholique et romaine, et continua à l'excuser jusqu'à la fin de sa vie. Si un homme tel que Grey était amené à commettre des actes aussi violents, cela ne pouvait être que la conséquence malheureuse mais inévitable de la situation à laquelle il se trouvait confronté - situation dont la violence intrinsèque était proprement intolérable.

Ainsi Spenser, après avoir réapproprié la poésie pastorale classique pour la langue anglaise, articula l'idéologie impériale qui en découlait. Dans sa *Description de l'Irlande*, il s'attacha à noter avec attention et amusement les us et coutumes des indigènes. Mais il ne souhaita pas qu'une culture qui lui était si profondément étrangère fasse sens. Alors, quand son altérité en vint à se déclarer sous des formes d'une matérialité trop évidente, il cautionna toutes les méthodes nécessaires pour liquider cet excès. Lui-même en tant qu'écrivain n'était vraiment à l'aise que dans l'allégorie, genre où la figure connaît sa place et ne trouble jamais la clarté de la signification en s'en approchant de trop près. Ses bergers et bergères ne sont pas des enfants sauvages, mais les créatures d'un système. Milton ne se trompa pas quand il loua en Spenser, plutôt que son maître en poésie, le plus grand docteur de la pensée scolastique, même devant Duns Scot et Thomas d'Aquin. Quand Grey fut rappelé à la cour, Spenser resta en Irlande où il s'établit, en s'achetant une propriété magnifique, le château de Kilcolman dans le comté de Cork, dont les terres étendues l'enchantaient. Il ne remit pied dans son pays natal qu'à de rares intervalles et consacra le reste de sa vie à son chef-d'œuvre, l'élaboration d'un poème en plusieurs tomes où il inventait une Angleterre mythique, irréelle, sous la forme d'une nature pleinement domestiquée, et où seules les abstractions les plus nécessaires et les plus civilisées avaient droit de cité - royaume enchanté de la Reine vierge.

Mais l'histoire, que par cette double distance il avait espéré maîtriser, revint barrer son chemin et faussa son jeu. Spenser ne termina jamais *The Fairy Queen.* Suite à l'insurrection de Tyrone en octobre 1598, le château de Kilcolman fut incendié. Spenser, sa femme et ses enfants s'en échappèrent, mais les derniers livres de son poème auraient (dit-on) péri dans les flammes. Le poète fut obligé de quitter le pays. Il mourut dans la détresse l'année suivante à Londres.

Je pense à Spenser à Kilcoman, se délectant de la vue de ces paysages magnifiques et paisibles, à la paix desquels lui et lord Grey avaient si utilement contribué en commençant à les vider de leurs habitants bruyants et incultes. Et puis je pense aussi aux rues d'un Belfast nocturne et désert que j'ai connu pendant l'hiver de 1984, quelque quatre cents ans plus tard. Du charme à la terreur, la distance peut sembler grande.

Mais ne serais-je pas, toutes proportions gardées, un autre Spenser ? c'est-à-dire un Anglais typique, tout prêt à découvrir en Irlande la figure idéale d'une Angleterre rêvée - si seulement on pouvait enfin la débarrasser de tous ces Irlandais ?

*

J'avais ainsi été élevé dans un milieu impeccablement libéral, qui croyait tout simplement à la nécessité de l'éradication, comme Spenser y avait cru. On y croyait presque inconsciemment, sans y réfléchir. Pendant que moi j'emprisonnais les héros républicains ou protestants dans mon album d'école où leurs souffrances n'auraient plus de sens, le *Guardian* commença à publier des éditoriaux qui exprimaient une certaine compréhension à l'égard de l'IRA, sans aller jusqu'à cautionner tous ses actes. Mon père lui envoya une lettre furieuse, qui ne fut pas retenue pour le courrier des lecteurs. Alors il résilia son abonnement, et notre famille se mit à lire le *Times*.

Mon père avait-il tort ? Il condamnait l'IRA moins pour sa brutalité, sa violence, que pour son romantisme. Cette idéologie de quatre sous, qui mélangeait le marxisme primaire avec les fictions nationalistes les plus « fleur bleue », le mettait hors de lui. On faisait du sentiment lorsqu'il aurait fallu faire de la politique. Et c'est le sentiment, ou plutôt son fantasme, comme Yeats l'avait dit, qui rend le cœur brutal. Lorsque l'on déteste tant ceux qui vous ont persécuté, c'est signe qu'ils ont déjà réussi à vous faire oublier comment aimer. Mon père croyait à la modernisation. Le plein emploi et le tout-à-l'égout finiraient par avoir raison des disputes tribales et des croyances surannées. Quelque part en lui, je crois qu'il comprenait plus facilement que l'on meure pour le droit d'acheter des préservatifs que pour défendre l'honneur de son peuple.

En cela, je ne pense pas qu'il était très différent de la plupart de ses compatriotes, même de ceux qui avaient de la sympathie pour la cause républicaine, et qui l'écrivaient dans des journaux, au risque de leur faire perdre des abonnés. Mais de la sympathie à l'engagement, le chemin est long. Moi-même, plus tard, j'irais manifester contre l'apartheid. J'enverrais de l'argent à l'ANC en guise de cadeau de Noël. J'assisterais à des débats sur les droits des Palestiniens à l'autonomie, bravant le cordon sécuritaire pour exercer mon droit à applaudir en public. Sur toutes ces grandes questions de l'actualité, je prendrais position, même si ce furent des positions timides, insignifiantes. Mais l'Irlande ? Le combat pour la réunification de l'île nous semblait dérisoire, anachronique. Nous nous croyions entrés dans l'âge d'or démocratique où tous les problèmes pouvaient désormais se résoudre pacifiquement. Cela nous embêtait fort que, à quelques centaines de kilomètres de la plage de Blackpool, où les congrès de nos propres partis politiques se déroulaient dans une indifférence quasi totale, il puisse exister un peuple qui soit resté coincé dans les rouages de l'Histoire. Et dont une minorité importante se disait, justement, britannique.

Le combat pour la justice, la lutte armée, le droit à l'indépendance, c'était bon pour les « étrangers » - et cela nous les rendait même parfois plus sympathiques. Mais que l'on ne nous demande plus d'y participer. Merci. Nous n'avions plus l'âge pour de pareilles bêtises. Alors, lorsque l'on venait porter ce combat sur notre propre territoire, nous nous sentions lésés dans notre fierté de grande personne, de nation adulte, et nous réagissions violemment. Soit ils rentraient chez eux, soit on leur donnerait une bonne leçon. Mais il n'y avait rien à discuter là-dedans. La « question irlandaise », qui avait hanté nos ancêtres au cours du XIXe siècle, restait peut-être un problème ; mais elle n'était plus une question.

D'où venait l'ambiguïté de notre attitude, son mélange de modestie à peine avouée et d'orgueil insupportable ? Pour ma part, je crois que l'on peut en discerner l'une des origines dans la Partition de 1920, qui en quelque sorte servit à institutionnaliser l'ambivalence des rapports entre nos deux pays. L'acte de Partition, c'était l'hommage du pragmatisme britannique à l'idéalisme celte. En divisant le pays en deux, les hommes politiques des deux bords durent bien avoir conscience qu'ils ne feraient que renforcer l'obsession imaginaire de l'unité perdue. Peu importe que cette unité n'existât jamais, au sens que lui prêtaient les idéologues du mouvement républicain - sauf peut-être dans l'esprit collectif colonial qui chercha à réduire ce patchwork culturel à un ennemi unique, pour mieux le combattre. Il suffisait que la carte de la « nation » fût défigurée, pour que les formes qui y avaient été primitivement dessinées prennent force de loi.

Alors, personne ne pouvait plus contester cette géographie fatale qui semblait avoir précédé toute volonté d'autodétermination. On aurait dit que la terre elle-même avait proclamé l'indépendance de l'Irlande. Tout arrangement qui paraîtrait contredire ce constat ne pourrait jamais être qu'artificiel, humain et donc voué à l'échec. Ainsi, la République qui naquit en Irlande se reconnut à la fois éternelle, puisque procédant d'une volonté sacrée, et provisoire parce qu'inaccomplie. Ce qui était en même temps inacceptable et commode. Par la Partition, la nation se sacrifia encore une fois dans le présent. Mais de cette manière elle s'assurait d'avoir raison devant l'éternité.

Alors, tout se passa comme si les deux maîtres, irlandais et britannique, s'étaient mis d'accord en secret pour sortir ensemble par la porte de l'Histoire, la refermant silencieusement sur ceux qui ne les auraient pas vus partir. Bien sûr, on n'annonçait rien de la sorte. On continuait à soutenir, à encourager même, l'identification des deux populations à leurs nations respectives. Mais l'isolement effectif de la province, autant face à la république du Sud qu'à l'intérieur du Royaume-Uni, renforça la coupure entre l'identité imaginaire et les réalités effectivement vécues. Non seulement les catholiques et les protestants du Nord restaient isolés les uns des autres à l'intérieur de leur propre communauté, mais leur expérience s'éloignait, de plus en plus, et souvent sans le savoir, de celle du pays auquel ils se croyaient liés par des liens éternels. Plus les deux communautés souhaitaient se faire réassimiler par leur mère patrie, moins cette patrie ressemblait par ses actes à celle dont les peuples d'Ulster rêvaient, et moins elle, à son tour, les reconnaissait comme ses enfants légitimes.

La suridentification des deux communautés de l'Irlande du Nord est le produit de cette situation écartelée. Chacune étant abandonnée par un pouvoir qui pourtant ne cessa jamais de se l'approprier pour les besoins de sa rhétorique, de nourrir sa propre identité en voie de désagrégation des preuves violentes d'un amour qui survit à la séparation, elles en vinrent à ne compter que sur elles-mêmes. L'étiquette religieuse signalant, dans ce contexte, moins une vocation spirituelle, qu'une volonté de pureté politico-ethnique, image négative et exagérée des regards coloniaux qui la virent naître. Volonté absolue et impérieuse, qui cherche moins à se débarrasser de ce qui lui est étranger qu'à poursuivre son propre travail d'autopurification, tant elle ne supporte pas d'autre contenu qu'elle-même.

Ainsi, la vérité des ressentiments croissait en même temps que l'irréalité des désirs. C'est dans la distance qui se creusa entre eux que put s'insérer l'activité paramilitaire des dernières vingt-cinq années. Dans cette province où l'arithmétique sectaire dissimulée sous l'hypocrisie « démocratique » privait l'expérience quotidienne de la corruption et de la discrimination de toute scène politique où s'exprimer, la place était libre pour ceux qui en proposeraient une représentation plus frappante et moins précautionneuse, qui seraient prêts à fabriquer leurs propres symboles en les découpant sur les corps innocents des victimes. Une aliénation séculaire explosa dans une crise dont une des raisons fut précisément d'être théâtrale et, partant, incompréhensible pour la politique « utilitaire ».

Dès lors, il n'était pas nécessaire qu'une population approuve activement ce que l'on faisait en son nom. Il suffisait qu'elle ressentît ces actes excessifs, presque impardonnables, comme une justice quelque part égale à la démesure de son propre désespoir. Alors cette justice qui se cherchait déteignit sur eux, non pas pour les excuser, mais pour rendre, dans la recherche d'une justice plus grande et plus compréhensive, ces actes incontournables.

*

Ainsi, la paix qui s'instaure aujourd'hui s'est faite à travers la terreur, comme à travers les actes de ceux qui y ont résisté et qui en ont dénoncé les auteurs. Ainsi, il y a eu deux pertes : celle des innocents, ceux qui sont morts et ceux qui les pleurent, et celle de tous ceux qui ont gâché et gaspillé leur vie à haïr et à tuer. Ces deux pertes ne sont pas égales ; et ni l'une ni l'autre ne peut être dite « nécessaire ». La logique de l'Histoire existe bel et bien. Mais ses victimes sont celles contre qui cette logique vient se briser. Rien ne se calcule et rien ne se justifie. Ce n'est pas avec les utopies de l'esprit, c'est avec leurs restes, leurs morceaux cassés, jetés, que l'on fera un monde meilleur.

L'Histoire et la Politique ont essayé de faire de l'Irlande une scène vide où pourraient se jouer les fantasmes de ceux qui veulent régner, de près ou de loin, sur elle et sur leurs semblables ; où pourrait s'installer un discours unique, lénifiant en apparence, brutal dans ses effets. Mais la réalité refusa, et continue de refuser, ce nettoyage imaginaire. Souvent, elle ne put résister qu'à travers le silence, le mutisme, l'exil. Mais même ici, elle réussit à s'imposer, à montrer qu'un espace où il n'y a plus personne n'est pas un espace simple, et que la mémoire n'est pas perdue là où l'on doit mettre tant de peine à l'oublier ou à la falsifier. Les mythes sont une provocation à la vérité. Ils l'invitent non seulement à se ressaisir, mais à s'affirmer à tous, provisoire, changeante et multiple.

Quelle force cachée a fait perdurer l'espoir dans ce pays déchiré par une guerre d'autant plus atroce qu'elle était, la plupart du temps, sournoise, invisible ? Nous commençons à peine à en déchiffrer, rétrospectivement, les signes, à comprendre comment si souvent la colère, la mélancolie ou l'indifférence mêmes furent, chacune à sa façon, les symptômes d'un courage qui n'osait pas encore se déclarer. À côté des actes de lâcheté ou d'héroïsme qui ont fait la pâture des journalistes, l'histoire qui reste à écrire est celle d'une passion journalière, d'un attachement collectif à une terre partagée et aux possibilités qui y sont enracinées, et qui ont survécu, modestes ou fières, universelles ou uniques, à travers des actes individuels, intimes et souvent en apparence insignifiants.

Aujourd'hui, un autre théâtre se cherche en Irlande. Non pas ce théâtre grand public où l'on joue à la guerre, et où l'on fait des discours moralisateurs tonitruants avant de se mettre à saccager et à tuer. Mais un théâtre plus intime où les spectateurs ne font plus qu'un avec les acteurs. Où l'on viendra non pas pour s'oublier ou se distraire, mais pour se guérir des années de méfiance et de haine. Où il suffira, peut-être, d'un regard, d'une parole, d'un geste.

On raconte que le jour où la Déclaration de Downing Street fut signée, au milieu de l'été 1994, initiant ainsi le processus de paix en Irlande du Nord, deux poètes - Ciaran Carson et Medbh McGuckian - se seraient rencontrés sur le parking du Arts Council of Northern Ireland à Belfast. Lui s'approcha d'elle et lui annonça l'étonnante nouvelle. Puis il lui dit, dégoûté presque : « Et nous, qu'est-ce qu'on va faire maintenant ? Des poèmes d'amour ? » Alors Medbh, avec un grand sourire, lui aurait répondu : « Mais Ciaran, Ciaran, tu sais bien que ça fait déjà un bail que beaucoup d'entre nous ne font que ça ! »

Peter Snowdon

© LESLEY DOYLE

Robin Glendinning

2. *Irlande du Nord (Ulster)*

Mo dhúiche féin.
Le pays de mes ancêtres

Robin Glendinning

Les contraintes et les richesses de l'identité protestante, identité à jamais indécise. Car peut-on être à la fois britannique et irlandais ? Radioscopie de la psyché des unionistes par un fils hérétique, et récit de vingt-cinq ans de violence, de mauvaise foi, mais aussi d'actes de courage. Le bilan d'une société assiégée qui doit apprendre à s'ouvrir et à pardonner pour faire la paix avec elle-même. Une analyse de ses peurs intimes et de ses raisons d'espérer.

« Des questions ? » demande le professeur. Malgré son phrasé vigoureux et son accent bien français, son anglais est excellent. « Des questions pour M. Glendinning ? » répète-t-elle avec un regard menaçant à ses élèves. Docilement, l'un d'eux réagit : « S'il vous plaît, pourriez-vous nous expliquer le *gerry-man dering ?* » Je suis enchanté. Non seulement d'être interrogé mais de l'être sur ce sujet. Nous sommes en 1966. Je suis professeur. Je participe à une croisière sur la mer Baltique, et la responsable des élèves français m'a demandé de parler de l'Ulster à sa classe. Dans l'espoir de distraire ses lycéens, de les amuser, voire de les choquer, j'ai axé mon intervention sur les bizarreries de notre vie politique. Et tant pis pour les beautés, l'économie, la culture et les coutumes de mon pays natal.

Je réponds : « À Omagh, chef-lieu du comté de Tyrone où j'enseigne, il y a vingt et un conseillers élus et trois circonscriptions électorales. Deux d'entre elles ont une majorité protestante. Elles élisent chacune six conseillers, toujours unionistes. La troisième, catholique, est la plus importante et élit régulièrement neuf nationalistes. Si bien que le conseil municipal est dominé par une douzaine d'unionistes alors que la ville est majoritairement catholique et donc nationaliste.

- Les unionistes sont-ils tous protestants et les nationalistes catholiques ?

- Plus ou moins. C'est vrai en général même si quelques excentriques font exception à la règle.

- Et personne ne change jamais de parti ?

- Rarement ! En tout cas pas depuis cent ans.

- Est-ce que les catholiques se regroupent tous dans la même circonscription et les protestants dans les deux autres ?

- Pas du tout. Les gens peuvent acheter leur logement où ils veulent. En revanche, afin de garder la majorité, les conseillers municipaux unionistes louent les HLM de leurs circonscriptions à des protestants et les nationalistes réservent les leurs à des catholiques. Si bien que les classes moyennes des deux communautés se mélangent alors que la ségrégation règne dans le monde ouvrier. »

Je parle avec un entrain amusé et plein d'aplomb. À ma place, un catholique aurait peut-être été amer ou pessimiste. Mais je suis un protestant pur jus. C'est la première fois que je m'exprime ainsi sur mon pays et cette expérience m'électrise. Qu'est-ce qui me rend si bavard ? La magie du voyage ? La liberté et l'irresponsabilité de l'homme en transit ? Le gin à dix pence le verre ? Me voilà métamorphosé en observateur, en cynique universel savourant bizarreries et paradoxes. Je regarde mon île avec la perspicacité d'un touriste averti mais non concerné. Je m'échauffe. J'entre dans mon rôle et dans mon sujet.

« Récemment, lors des élections municipales, la section locale du Parti travailliste s'est présentée dans les trois circonscriptions. Sans eux, l'élection aurait été purement formelle : les jeux étaient faits d'avance, les unionistes et les nationalistes n'auraient pas pris la peine de s'affronter. Mais du coup, pour empêcher les travaillistes d'entrer au conseil municipal, les deux grands partis ont donné des consignes à leur électorat : les catholiques des circonscriptions unionistes accorderaient leurs suffrages aux unionistes et les protestants des circonscriptions nationalistes voteraient nationaliste. C'est ce qu'a fait ma logeuse qui est pourtant conseillère unioniste.

- Ça a marché ?

- Oui. Les travaillistes ont été battus dans les trois circonscriptions.

- Pour qui avez-vous voté ?

- Je ne vote pas aux élections municipales. Seuls votent les gens qui payent des impôts locaux, ainsi que leurs épouses. Ceux qui sont imposés sur une boutique ou sur une société ont droit à un vote supplémentaire. S'ils possèdent dix boutiques, ils auront dix votes de plus. Cette règle s'applique aux deux communautés mais elle avantage plutôt les protestants puisque la majorité des commerçants se recrutent parmi eux. En revanche, tout le monde vote pour le parlement. »

Assailli de questions, je dénonce la corruption des conseils municipaux puis celle, à peine moins grave, du gouvernement régional, le découpage des circonscriptions électorales du parlement de Stormont témoignant lui aussi d'une grande habileté politique. De là, je passe aux discriminations dans les domaines du travail et du logement ; aux propriétaires qui ne cèdent leurs terres qu'à leurs coreligionnaires ; à l'influence que l'ordre d'Orange exerce sur la vie politique ; à la façon dont la police exploite le Special Powers Act[1] ; aux périodes de crise où l'*habeas corpus* est mis entre parenthèses. Un tour de force.

---

1. Le Special Powers Act est une législation draconienne mise en place par le parlement d'Irlande du Nord en 1933. Elle confère à la police des pouvoirs spéciaux dans sa lutte contre l'IRA ; ils portent sur la recherche et l'arrestation des suspects et permettent l'emploi à mi-temps d'une police spéciale. Certains points de cette législation sont restés en vigueur en période de paix.

Avant le dîner, je vais prendre un gin avec des professeurs du lycée d'Omagh qui s'enquièrent de mon intervention :

- Comment ça s'est passé ?
- Pas mal, je crois.
- De quoi avez-vous parlé ?
- Oh ! de choses et d'autres.

Le contraste entre cette réticence et mon audace de l'après-midi me choque immédiatement. Pourquoi ne pas leur répondre franchement ? Parce qu'ils ne me croiraient pas ? Parce qu'ils m'accuseraient d'avoir exagéré ou, pire, d'avoir agi en traître, en esprit subversif, ou encore par vanité ? À moins que je ne commence à avoir des remords ? L'Ulster est-il aussi grotesque et corrompu que je l'affirme ? « Pourtant, vous vivez là-bas », m'a dit un lycéen. Sa remarque m'a perturbé. S'étonnait-il de ma candeur ou de ma complicité ? C'est vrai, j'habite en Ulster. De plus, je trouve que c'est un pays magnifique et qu'il fait bon y vivre. Je suis fiancé à une charmante compatriote. Nous voulons nous marier, avoir une maison, des enfants, payer des impôts locaux, voter aux élections. Mon détachement est illusoire. Je participe au système que je conteste. Et bientôt, un bateau me ramènera chez moi.

Une enfance protégée

Aujourd'hui, trente ans plus tard, je comprends mieux ce qui motivait mon attitude. La nouveauté de mon sujet m'avait grisé. Je suis né en Ulster mais à cette époque je découvrais à peine son fonctionnement politique. J'avais fait mes études dans le monde clos des pensionnats puis au Trinity College à Dublin. Ce n'était pas la meilleure façon de découvrir mon pays.

Ma première pension fut Rockport School, sur la côte du comté de Down. En 1947, c'était un compromis bizarre entre une école à la Dickens et un établissement d'avant-garde. Les toilettes extérieures n'avaient pas de portes. On se baignait une fois par semaine. En hiver, la boue colorait l'eau d'un brun rouge chaleureux, et des filtres de mousseline étaient fixés aux robinets pour arrêter la chute des vers de terre qui remontaient dans les canalisations. La nourriture était immangeable, on avait froid, les punitions corporelles étaient fréquentes et les grands ne se gênaient pas pour nous harceler. Mais nos bâtiments délabrés étaient sonorisés et chaque chambre avait son haut-parleur. Le dimanche soir, on écoutait au lit les feuilletons littéraires de la BBC. Nous avons ainsi découvert les œuvres de Thomas Hardy et de John Galsworthy.

Un après-midi, après le sport, nous suivons la retransmission d'une élection dans la salle commune ; les résultats se déversent par le haut-parleur ; le scrutin est très serré, comme souvent au début des années 50. J'examine une carte des circonscriptions électorales du Royaume-Uni avec un camarade. « Les conservateurs en tête ! » annonce le présentateur, et je saisis fiévreusement mon crayon bleu. Churchill a gagné la guerre. C'est un héros, mon père parle beaucoup de lui. En revanche, j'ignore tout de Attlee, sauf qu'il est travailliste. Nous colorons ses circonscriptions en rouge. Les circonscriptions rouges sont plus nombreuses mais les bleues ont l'air plus vastes.

On nous enseigne les mêmes matières que dans les autres établissements, parfois bien et parfois mal, mais nous n'apprenons presque rien sur l'Irlande, qu'elle soit du Nord ou du Sud. L'école compte un seul catholique : c'est un Français qui joue au hockey en tenant sa crosse d'une seule main, ce qui nous semble peu orthodoxe. Mes camarades fréquenteront plus tard des écoles anglaises ou écossaises réputées comme Tunbridge, Stowe, Repton, Gordonston ou Fettes. Ceux qui iront à Campbell, Belfast, ne s'en vantent pas.

Campbell est moins excentrique, plus propre et plus sérieuse que Rockport. Malgré ses efforts pour singer les public schools britanniques, elle reste, Dieu merci, typiquement de chez nous. Les photos des anciens élèves tués au cours des deux guerres mondiales ornent le sommet des lambris dans la grande salle. Celle de mon grand-oncle, un capitaine des Royal Irish Fusileers tué en 1917 en posant des barbelés, est accrochée à côté de la salle d'étude des petites classes. Il paraît que nos cravates noires perpétuent le souvenir de ces défunts. La devise de l'école est *Ne obliviscaris*, « N'oublions jamais ».

Les cours sont bons, surtout ceux de M. Rooney, mon professeur d'histoire. Il nous abreuve d'idées radicales dans l'espoir de secouer notre conservatisme obstiné de provinciaux, qu'il trouve choquant. Chez moi comme à l'école, je prends audacieusement position contre Eden et l'aventure de Suez, en savourant impunément une rébellion qui ne me coûtera pas mon dîner. « Nous ignorons quels sont leurs motifs. Ils doivent avoir de bonnes raisons pour agir de la sorte », assure mon père : dans les années 50, le pouvoir inspire toujours une confiance aveugle. Fait révélateur, nous discutons de l'actualité anglaise et étrangère mais jamais de l'irlandaise. Ici, la politique ne bouge pas. Elle est taillée dans le granit. De vieilles batailles. De vieilles histoires. De vieux héros fatigués. Quelle barbe !

À l'école, l'histoire de l'Irlande est traitée avec celle de la Grande-Bretagne. Elle n'a pas droit à un enseignement spécifique. Le seul poète irlandais dont j'entende parler est Yeats ; l'étude de son œuvre se limite à quelques poèmes d'anthologie. Les amateurs de poésie, nombreux, adorent *The Hollow Men*, de T.S. Eliot. Pour ma part, le seul poète contemporain que je lise est John Betjeman. Je réussis à trouver le *Portrait de l'artiste en jeune homme*, de Joyce, mais il m'intéresse surtout pour la visite au bordel et le sermon qui me terrifie : en 1957, Dieu et l'enfer continuent de nous faire peur. L'idée que nous sommes rattachés physiquement et moralement à l'Angleterre forme la base de notre éducation. Notre horizon est borné par l'Empire et le Commonwealth. Pour la fête de l'Empire, nous défilons devant l'école : « J'appelle le préfet de Campbell College à déployer le drapeau présenté par le préfet de Geelong College, Australie. » À cette injonction, nous présentons les armes, les tambours roulent et les clairons sonnent.

Nous suivons avec la même passion les exploits de l'équipe anglaise de cricket et ceux de l'équipe irlandaise de rugby. Sur ce plan, je n'ai pas changé : tandis que j'écris ces lignes, l'envie d'allumer la télévision pour voir le résultat du match de cricket Angleterre-Antilles me démange ; et je me creuse la tête pour trouver un moyen d'assister demain à la retransmission de la Coupe du monde de rugby, bien que je sois inscrit pour la journée à un cours d'irlandais payé d'avance. Adolescents, nos Mecques étaient Landsdowne Road[2] et Lords[3], nos dieux Jack Ryle[4] et Len Hutton[5]. Pour nous, la politique irlandaise n'existait pas, elle était invisible, souterraine en somme. Mais parfois, elle faisait irruption dans nos vies, ébranlant nos certitudes.

Dans les années 50, en pleine période d'attentats de l'IRA. Je rentre chez moi la nuit. Soudain, une lumière rouge s'agite devant ma voiture. Je m'arrête. Une patrouille de B Specials[6] encercle mon véhicule, me demande mes papiers et ma destination. Très vite, les hommes me reconnaissent et me relâchent en me souhaitant une bonne soirée : je suis protestant et mon père, dit le colonel, est connu dans la région.

Un autre soir, à quelques kilomètres, une patrouille de B Specials tue un catholique. Malgré quelques polémiques, la majorité des gens excusent les forces de l'ordre puisque, selon la version officielle, la victime aurait forcé un barrage ; et puis n'est-ce pas, dans ces circonstances... J'aimerais

2. L'équivalent pour l'Irlande du Parc des Princes.
3. Haut lieu du cricket britannique alloué à l'équipe nationale.
4. Rugbyman irlandais.
5. Champion de cricket anglais.
6. Milice recrutée localement. Les B Specials sont uniquement composés de protestants. Quant à la RUC, ou police à plein-temps, elle ne compte que 10 % de catholiques.

pouvoir me vanter d'avoir mieux réagi mais, en réalité, j'ai fait comme mon père quand les troupes franco-britanniques ont envahi Suez : j'ai cru en l'autorité, aveuglément, loyalement. Je ne me suis pas posé de questions. J'ai déploré cette mort. J'ai accordé une pensée au défunt et à sa famille. Mais je n'ai pas été choqué. En tout cas moins que pour Suez.

Un samedi ensoleillé à l'école. Notre équipe vedette dispute un match de cricket quand une énorme explosion secoue le quartier. Les bâtonnets dégringolent des guichets. Les joueurs se figent en ouvrant de grands yeux. Puis un arbitre tout habillé de blanc redresse les bâtonnets, le lanceur retourne à sa place et le match reprend.

Plus tard, dans l'après-midi, les petits dont je suis s'attroupent devant une porte du collège qui donne sur la route menant au palais de Stormont, siège du gouvernement de l'Irlande du Nord. À travers les barreaux, bouche bée, nous regardons la voiture éventrée, les policiers, l'ambulance et la forme humaine qui gît sur la chaussée, recouverte d'un drap blanc. Deux hommes de l'IRA ont été tués par leur propre bombe. « C'est l'arroseur arrosé », commente notre professeur de français avec une sombre satisfaction le lundi matin. Les spéculations vont bon train. Un troisième homme se serait enfui par le parc de l'école. Et s'il s'y cachait encore, couvert de blessures ?

Fidèles à eux-mêmes

Je dois au père de mon meilleur ami des aperçus plus féconds sur mon pays. Denis O'D Hanna, architecte de son métier, était un romantique, un artiste, un écrivain, un passionné d'histoire et surtout un grand conteur. Nos deux familles passaient les vacances à Orlock, un coin sauvage qui s'est beaucoup urbanisé depuis, sur la côte du comté de Down. Nous habitions d'anciennes maisons de gardes-côtes, nous nagions, nous faisions du bateau, nous pêchions et, les jours de pluie, nous nous réunissions chez les Hanna pour écouter Denis O'D.

Sur un carnet, avec un gros stylo-bille, il illustre l'histoire des enfants de Lir, de Diarmad et Grainne, de saint Patrick, de Brian Boru et de la bataille de Clontarf. Il entrelace l'histoire et la légende de façon si pittoresque que nous ne démêlons plus le vrai du faux. En même temps, il dessine chaque épisode de ses récits. C'est lui qui m'a parlé pour la première fois des Irlandais Unis, un groupe de presbytériens et de catholiques qui ont allié leurs forces pour rejeter le joug anglais. Le bloc-notes se couvre de griffonnages : c'est le camp rebelle de Ballynahinch « où le peuple opprimé se dressa en un geste de défi ». Denis O'D raconte les piques arrachées aux toitures de chaume, les pasteurs presbytériens prêchant la révolte du haut de leur chaire et entraînant leurs ouailles derrière le drapeau vert, au son du tambour de la liberté, et aussi l'histoire de Betsy Gray qui combattit et périt avec ses frères sous les coups des *yeomen* après la bataille. Nous montons une expédition pour retrouver le cottage de notre héroïne, près de Six Road Ends. Le propriétaire y parque ses vaches, ce qui nous scandalise. On dirait que les loyalistes du comté de Down ont tiré un trait sur leur passé révolutionnaire.

Chez mon grand-père maternel, à Lurgan, dans le comté d'Armagh, la reproduction d'une scène guerrière est accrochée au mur. Elle représente l'avance héroïque de la division de l'Ulster à la bataille de la Somme, le 1er juillet 1916. Je contemple le visage horrifié d'un jeune soldat qui, se détournant à demi, contemple sa victime, qu'il a tuée à coups de baïonnette. Au centre de la toile, un sous-lieutenant juvénile. Il porte des shorts car il fait beau. Du geste, il entraîne ses hommes à l'assaut de la deuxième tranchée allemande. « C'est la seule division qui ait atteint son objectif, mais à quel prix ! » explique une de mes tantes. Sous-entend-elle qu'ils furent envoyés à la boucherie par les généraux britanniques et que leurs frères d'armes n'ont rien fait pour les sauver ?

Betsy Gray était le symbole de la rébellion, les Irlandais de la Somme celui de la loyauté à la Couronne. Comment réconcilier leurs images contradictoires, à la fois héroïques, tragiques et ridicules ? Il m'a fallu plusieurs années pour comprendre qu'elles formaient les deux faces d'une même pièce : ces héros étaient des gens fidèles à eux-mêmes et à l'Ulster. Mais entre leurs deux époques, l'histoire et la politique ont faussé le jeu.

Chez moi, la situation s'avérait tout aussi complexe. Ma famille paternelle comme maternelle était dans l'industrie du lin, et mes lointains ancêtres venaient de petites fermes des comtés d'Armagh et de Derry. Mon grand-père maternel, député unioniste de l'Armagh du Nord, fut anobli pour ses bons et loyaux services en matière économique et politique. Quant à mon arrière-grand-père paternel, député libéral autonomiste de l'Antrim du Nord, il conquit sa circonscription au nez des unionistes grâce aux suffrages des presbytériens indépendants et des électeurs catholiques. Ses positions politiques gênèrent considérablement mon grand-père pendant qu'il courtisait sa future femme, une demoiselle Johnston domiciliée à Lurgan : il paraît que le chef de gare conseilla un jour à un invité des Johnston de « ne jamais mentionner Glendinning » dans cette maison farouchement unioniste.

Un pays plus sophistiqué

En 1957, je me suis inscrit au célèbre Trinity College, à Dublin, Irlande du Sud. Une démarche normale à l'époque pour un protestant de l'Ulster : les étudiants et membres du personnel originaires du Nord étaient nombreux à Trinity. Malheureusement, ce n'est plus le cas. Non à cause des troubles mais parce que le système d'attribution des places à l'université a évolué. Au fil des ans, semblables changements, législatifs ou administratifs, ont cimenté la partition de l'île.

Honnêtement, je ne me souviens pas d'avoir eu une révélation intellectuelle à Trinity. J'étais jeune et je manquais trop de maturité pour profiter pleinement de ces années. Mais j'aimais mon université et la cité qui grondait sous ses murs. Je me rappelle nos discussions interminables. Nos polémiques sur la religion. Je m'étais inscrit avec l'ambition de devenir pasteur de l'Église d'Irlande, une vocation qui s'éteignit à mi-chemin entre la chapelle du collège et le bar d'O'Neill. Je ne m'intéressais pas particulièrement à la vie théâtrale et littéraire dublinoise. Ma passion, c'était la politique.

En 1959 ont lieu de vraies élections suivies d'un changement de gouvernement. C'est une révélation : en Irlande du Nord, les unionistes ont le monopole du pouvoir, ce qui génère d'un côté une insupportable autosatisfaction et de l'autre un sentiment de frustration explosif. L'élection présidentielle se combine avec un référendum sur l'abolition du scrutin proportionnel, mesure qui profiterait principalement au Fianna Fail, premier mouvement politique de la république. Espérant emporter du même coup le référendum et la présidence, le Fianna Fail a judicieusement donné son investiture à son père fondateur, Eammon De Valera, dont la popularité s'étend bien au-delà du parti.

J'assiste à plusieurs meetings dans O'Connel Street et College Green, absorbant comme une éponge les discours des deux bords. Ils sont sans doute assez creux mais, comme mes connaissances politiques s'arrêtent au duel travaillistes-conservateurs, ils me semblent éblouissants. Je suis encore plus impressionné quand les électeurs portent De Valera au pouvoir tout en rejetant les changements constitutionnels proposés par son parti. Je soutiens à une tante unioniste que leur comportement témoigne d'une subtilité intellectuelle presque impensable en Ulster. Je me rappelle encore le reniflement avec lequel elle a écarté cette absurdité. Puis d'autres faits viennent m'ouvrir les yeux.

La pièce de Sam Thompson, *Over the Bridge*, cocktail détonnant d'art et de politique, se joue à Dublin après avoir fait sensation à Belfast. Ce n'est pas une grande œuvre mais une œuvre importante. Thompson y aborde l'un de nos problèmes majeurs, le sectarisme, étudié ici dans le monde du travail, en l'occurrence les chantiers navals de Belfast. Le théâtre refuse le spectacle après que les conseillers municipaux unionistes ont menacé de supprimer ses subventions. La troupe va courageusement de l'avant malgré les pressions. Et les émeutes attendues ne se produisent pas. À la maison, je ne cache pas mon enthousiasme pour *Over the Bridge*. « Mieux vaut ne pas remuer tout ça », affirme ma tante en reniflant de plus belle. Indigné, je défends la liberté d'expression de l'artiste. « Si toutefois il s'agit d'art », renifle ma tante. Thompson écrit d'autres pièces et se présente aux élections régionales pour le Parti travailliste de l'Irlande du Nord. Le leader unioniste, l'honorable capitaine Terence O'Neill, évoque sa candidature avec un dédain patricien : « M. Thompson, paraît-il, écrit de la fiction. » Ma tante qui a le nez politique se montre tout aussi méprisante : « Ce Thompson se prend pour Shakespeare. »

Leurs réactions m'apprennent deux choses sur la culture et la politique en Irlande du Nord. En premier lieu, Thompson est socialiste et protestant non pratiquant, mais la famille protestante le considère comme l'un des siens et se serait obstinée à le voir comme tel même s'il avait affiché son athéisme ou son agnosticisme ; elle estime donc qu'il n'aurait pas dû lui faire honte en abordant publiquement le sujet délicat du sectarisme. À cela s'ajoute une méfiance innée pour les écrivains locaux, censés être des fauteurs de troubles et de mauvais auteurs presque par définition. La bonne littérature s'écrit à Londres, éventuellement à Dublin. Chez nous, ma foi, écrire passe pour une activité un peu honteuse. *Over the*

Bridge fait un four à Londres, ce qui comble d'aise ma tante : cette pièce est décidément dangereuse et nulle de surcroît, elle l'avait bien dit.

En revanche, l'Ulster tolérait la comédie. Pas la comédie classique ou satirique, autrement plus incisive, mais un genre à part qui exploitait un comique national à base de personnages très typés. Ces derniers étaient nombreux et, pensions-nous, contribuaient à notre notoriété. Quand les étrangers semblaient perplexes devant notre humour, cela ne faisait que nous confirmer dans notre sentiment que nous étions exceptionnels.

Un des grands succès de cette époque était une série radiophonique intitulée *Les McCooeys*. Après la mort de son auteur, Joseph Tomelty, on a prétendu que ce feuilleton hebdomadaire sur la vie ouvrière avait inventé le mythe du Belfast populaire. Pour ma part, je n'en jurerais pas. Mais il avait de bons personnages, des dialogues vivants et une belle couleur locale. « De quelle religion sont les McCooeys ? » s'enquit le poète John Hewitt. Telle était en effet la seule vraie question, éludée dans le feuilleton, l'appartenance religieuse déterminant non seulement un mode de vie mais un comportement. Évidemment, il était impossible de faire un spectacle ou une émission sur ce sujet, initiative qui aurait été vigoureusement dénoncée en chaire comme dans les réunions politiques. *The End House*, la pièce de Tomelty qui campait une famille catholique sous le Special Powers Act, ne fut même pas montée par la compagnie du dramaturge. Je me demande si l'auteur du très célèbre *All Soul's Night* n'avait pas définitivement épuisé son talent en peinant sur son feuilleton : son caractère non polémique réflétait-il notre acceptation de la situation ? Nous a-t-il encouragés à fermer les yeux sur les dissensions des Irlandais du Nord en flattant nos prétentions à l'unité ?

James Young incarnait l'un des héros du feuilleton, Cecil le laveur de carreaux. Cet acteur devint notre comique fétiche, ce qui ne signifiait pas grand-chose quant au talent : il était meilleur sur les planches, dans des scènes rondement menées, à la fois drôles et paillardes, pleines de sous-entendus et de reparties improvisées. Sinon, c'était un piètre comédien qui flattait nos pires instincts. Au point que nous tirions une bizarre fierté de notre sectarisme, comme s'il s'agissait d'une manie excentrique mais attendrissante dont nous pouvions nous glorifier. Comme nous nous aimions...

Peut-être suis-je injuste ? Après tout, on ne peut pas exiger des comiques qu'ils transforment le monde, et si notre unique amuseur était mauvais, c'est que nous n'en avons pas suscité de meilleurs. Le problème était dans le public : nous ne doutions ni du talent de Young ni de sa bonne influence. Le bromure, c'est très bien tant que l'on ne compte pas dessus pour régler tous ses problèmes. La popularité de Young témoigne de notre volonté d'éviter à tout prix une réelle autocritique ; de notre hostilité automatique envers les gens qui nous disent clairement notre fait. Young a continué à faire carrière au cœur des pires violences. Les spectateurs l'applaudissaient quand il lançait au baisser de rideau « Arrêtez la bagarre ! » Puis ils se plongeaient gaiement dans la nuit, pour continuer la guerre en paroles et en actes.

West Brit

De temps en temps, Denis O'D Hanna venait à Dublin, passait me prendre à l'université et m'emmenait à Trim, Kilkenny ou Wicklow. Nous faisions le tour des édifices remarquables, nous parlions d'histoire et d'architecture, nous nous disputions en déjeunant. Il me soutenait que nous n'étions que des Britanniques de l'Ouest et que, malgré ses travers, la République d'Irlande avait une identité, ce qui n'était pas notre cas. J'exécrais cette idée. Plus ses arguments faisaient mouche, plus je m'entêtais et m'enflammais.

Bien sûr, être un West Brit n'était pas dénué d'avantages.

Le gouvernement unioniste avait des faiblesses, entre autres au niveau municipal. Néanmoins, avec l'aide de ses suzerains de Westminster, il a peu à peu fait de l'éducation, de la santé publique et de la sécurité sociale des systèmes qui fonctionnent parfaitement. Le contraste avec l'Irlande du Sud n'échappait à personne : en 1951, par exemple, une loi de protection sociale pour la mère et l'enfant, le Mother and Child Act, avait été torpillée par la hiérarchie catholique et l'establishment médical résolu à défendre pied à pied ses acquis. En Ulster, le gouvernement s'efforçait de remplacer nos industries déclinantes, comme celle du textile, et d'en importer de nouvelles de l'étranger, tandis qu'une administration intelligente continuait de faire marcher le pays malgré les appels à la violence des champions du sectarisme. En somme, l'irruption du mouvement pour les droits civils, à la fin des années 60, signalait un échec mais aussi un succès, à savoir l'émergence d'une classe moyenne catholique prospère et éduquée qui revendiquait désormais l'égalité politique à laquelle son importance démographique lui donnait droit.

Un dimanche de novembre, j'accompagne un oncle qui a fait la Seconde Guerre mondiale dans la Royal Navy à une commémoration à la cathédrale Saint-Patrick de Dublin. De nombreux Irlandais du Sud, catholiques et protestants, se sont portés volontaires malgré la neutralité selon moi honteuse adoptée par leur gouvernement. À la fin du service, les prêtres et les enfants de chœur en surplis se retirent vers la sortie mais les fidèles semblent cloués sur place. Tout le monde attend dans un silence pesant. Que se passe-t-il ? Les couronnes mortuaires piquées de coquelicots ont pourtant été dûment déposées. Enfin, une voix un peu chevrotante entonne les premières mesures du *God Save the Queen* ; l'assistance les reprend avec un soupir de soulagement. L'État indépendant d'Irlande du Sud existe depuis 1922, la république depuis 1949. Nous sommes en 1960. Voici comment les protestants de Dublin chantent l'hymne national britannique ! Appartenant à la religion majoritaire de l'Irlande du Nord, je m'apitoie sur mes coreligionnaires minoritaires du Sud. En fait, je ne les comprends pas mieux que les catholiques de mon Ulster natal dont j'ignore le vécu politique et culturel. Le mur qui coupe un pays en deux peut aussi le diviser sur les plans humain et spirituel. Mais à cette époque, je n'en avais pas conscience.

Ce que les protestants ressentaient comptait à peine dans la république d'Irlande. Ils étaient si peu nombreux que les autorités pouvaient les ignorer en toute impunité. Était-ce pour autant souhaitable ? Leur vécu, leur aventure, leurs sacrifices n'étaient-ils pas des richesses qu'une si petite nation aurait dû préserver et célébrer ? Ou la scène dont j'avais été témoin prouvait-elle leur déloyauté, celle-ci les excluant d'office, à tout jamais, de l'histoire des bons et authentiques Irlandais ?

La république pouvait survivre sans faire de concessions majeures à une minorité vaguement mécontente, d'ailleurs peu nombreuse et qui diminuait chaque année. Leur aisance relative et la proximité de l'Angleterre permettaient aux protestants d'échapper à la piété oppressante de l'État catholique et de contourner une censure tatillonne qui interdisait par exemple la contraception. Mais l'Irlande du Nord pouvait-elle ignorer sa propre minorité et survivre ?

Celle-ci était importante : les catholiques représentaient près d'un tiers de la population dans les années 50 et 60, aujourd'hui 40 % ou plus. Leurs griefs aussi étaient d'un autre ordre. À une époque de plein emploi en Grande-Bretagne, le chômage sévissait en Irlande du Nord et ils avaient au moins deux fois plus de chances d'être sans travail que les protestants. Un phénomène dû en partie à des causes historiques et géographiques : la plupart des activités étaient implantées dans l'Est du pays, à forte majorité protestante. En revanche, les catholiques étaient plus nombreux à l'Ouest, pauvre en ressources économiques. Ceux qui travaillaient occupaient des emplois modestes. Et l'inégalité des chances régnait dans la fonction publique. De plus, malgré son action globalement positive, le gouvernement demeurait le monopole des unionistes que n'embarrassaient guère leurs liens officiels avec l'ordre d'Orange, une organisation religieuse parfois belliqueusement protestante ; enfin, de la police au drapeau, tout portait l'empreinte de la communauté dominante. La mienne.

J'aborde ce sujet avec un de mes oncles, sénateur unioniste. Un homme aimable et mélancolique qui a eu une vie conjugale difficile et qui est le contraire d'un fanatique. J'émets l'idée que les choses auraient dû changer depuis longtemps. Il tombe d'accord avec moi mais prône une évolution mesurée seule capable d'éviter le désordre. Je cite Tocqueville : la période la plus dangereuse pour un régime corrompu est celle où il tente de se réformer. Il joue avec son verre de whisky et me dit en souriant d'un air contraint : « Peut-être bien, peut-être bien. »

L'honorable capitaine

J'accueille avec espoir notre nouveau Premier ministre, un réformiste, et mes oncles et tantes font de même. « La nomination de l'honorable capitaine Terence O'Neill[7] me satisfait entièrement », déclare la tante qui a le nez politique. Quant à ma propriétaire, la conseillère municipale, elle serait enchantée si des membres du corps enseignant assistaient au meeting unioniste qui doit se tenir le soir même à la mairie d'Omagh. L'honorable capitaine est censé y prendre la parole. Je déduis de ses propos que nous devrions témoigner un minimum de gratitude au Premier ministre puisque c'est le gouvernement qui paie nos salaires.

Est également présent pour l'occasion le député unioniste

7. Terence O'Neill, Premier ministre de l'Irlande du Nord de 1963 à 1969.

du Mid-Ulster. Sa prestation me consterne. Tandis que les notables font leur entrée, un orphéon défraîchi entonne *The Sash*, une marche ostensiblement loyaliste, et notre élu avance en dansant en rythme, guettant les applaudissement. Je me demande s'il est ivre. Ses propos s'émaillent de slogans hors d'âge et il s'efforce laborieusement de démythifier nos maîtres britanniques qu'il appelle par leurs prénoms avec un accent du terroir caricatural, claironnant sans honte : « Alec[8] est le seul qui connaît la date des élections » et « Alec ne m'a pas encore prévenu. » Quelqu'un dans la salle crie que l'on n'a pas beaucoup vu notre député depuis les élections. « Vous n'allez donc jamais aux baptêmes des drapeaux ? » rétorque-t-il, comme si sa présence aux cérémonies orangistes[9] faisait partie de ses fonctions officielles. S'il n'est pas fin saoul, me dis-je, c'est que c'est un guignol.

Le président du meeting n'est pas plus brillant. C'est un vieil homme atteint de confusion mentale. « Les loyaux soldats qui combattirent à la bataille de la Boyne en 1916 et à celle de la Somme en 1690 », lance-t-il hardiment. Peu importe : les noms et dates de nos batailles sont des signes, des symboles, ils n'ont plus rang d'événements historiques. Quelqu'un dans le public s'entête à vouloir poser une question. On lui dit d'attendre la fin de la réunion. Le Premier ministre parle du développement industriel, de la renaissance du parti et du réseau routier avec l'accent d'Eton. L'inlassable chercheur de vérité pose enfin sa question à laquelle personne ne répond. Mais on le remercie quand même de son intervention. Puis tout le monde se lève et chante l'hymne national.

Suis-je en plein cauchemar ? Comment notre Premier ministre réformiste, qui s'efforçait visiblement d'aborder des sujets plus substantiels que la date d'une bataille, a-t-il pu garder le sourire tout au long de cette épouvantable parodie ? Que

8. Alexander Frederick Douglas-Home, Premier ministre britannique.
9. Où les drapeaux nouveaux étaient déferlés et baptisés selon un rite consacré.

doit-il penser de nous, ses militants de base ? Quelques années m'ont suffi pour comprendre que les militants avaient pour eux leur authenticité alors que notre chef était la caricature d'un leader politique britannique. Les faits donnèrent raison à Tocqueville : le réformateur fut balayé par des événements qu'il ne contrôlait plus[10].

Pourquoi n'ai-je pas participé au mouvement pour les droits civils dès ses débuts, en 1968, quand il s'est attaqué à des injustices dont je n'ignorais rien ? Pourtant, je voulais des réformes, moi aussi, et les grossières tentatives de répression du gouvernement et de la RUC *(Royal Ulster Constabulary)* m'horrifiaient autant que les menaces proférées par Ian Paisley, l'homme fort des protestants. J'étais très excité : enfin il allait y avoir du changement. Pas seulement un nouveau gouvernement et la fin des discriminations mais une ouverture intellectuelle, une énergie neuve insufflée au pays. Notre vie politique ne serait plus un remâchage du passé. Et puis, un dimanche soir, je suis allé à une réunion pour les droits civils à Omagh. J'ai à peine pris place dans la salle que deux organisateurs me reconnaissent, fondent sur moi, me serrent la main et me demandent si je compte entrer au comité. Je devine pourquoi : je suis le seul protestant dans la salle. Je décline poliment leur suggestion, j'écoute les discours et je rentre chez moi.

Du problème d'être le bon protestant des catholiques ou le bon catholique des protestants. Ai-je été lâche ou simplement prudent ? Changer de tribu, c'est se muer simultanément en héros d'adoption et en traître notoire. L'héroïsme et la trahison ont leur charme dans une vie monotone mais ils s'assortissent de nombreux inconvénients. Le héros d'adoption ne peut plus critiquer sa nouvelle tribu et devient l'otage

10. Le réformisme de O'Neill et ses rencontres avec les leaders du Sud suscitèrent l'opposition de son propre parti tandis que les marches pour les droits civils étaient bloquées par les contre-démonstrations protestantes menées par Ian Paisley. O'Neill voulut en appeler à la nation par-delà le Parti unioniste. Sa tentative échoua et il dut démissionner.

de ses pires excès puisqu'il doit constamment la défendre et l'excuser. Pour compenser, ses attaques contre son ancien groupe deviennent de plus en plus excessives et donc de plus en plus insignifiantes. Désormais, il est condamné à ne trouver respect et considération qu'au sein de sa famille d'adoption à qui son ralliement offre une excellente excuse pour renoncer à comprendre l'adversaire.

Aurais-je dû faire plus ? Et y avait-il quelque chose à faire ? Pouvait-on réformer l'Irlande du Nord ? Ou, comme devait le constater Charles Haughey[11], n'était-elle qu'une entité politique avortée ? Le fruit d'une vaste opération de *gerrymandering* destinée à assurer aux pro-Anglais la majorité dans six comtés alors que celle-ci lui échappait dans l'ensemble de l'île ? Pourquoi suis-je à l'époque et aujourd'hui encore persuadé de la valeur de nos liens avec la Grande-Bretagne ? Suis-je plus britannique qu'irlandais ?

Un sujet divisé

James Chichester Clark[12] a succédé à O'Neill le réformiste. Les gens le brocardent sans pitié parce qu'il affirme se sentir parfois irlandais et parfois britannique. On dit, surtout dans le Sud de l'île, que le vieux crétin ne sait même pas qui il est. Or je partage son sentiment. Je m'en rends compte avec un pincement au cœur. Suis-je en pleine crise d'identité ? Est-ce grave ? Devrais-je faire un choix ? Ou bien suis-je condamné à rester aussi divisé que mon pays ?

Si l'on avait appliqué le principe de l'autodétermination à l'ensemble de l'Irlande selon la logique républicaine, notre bout de terre nordique et unioniste n'aurait jamais eu le droit de faire sécession[13] dans les années 20. Les républicains

11. Ancien Premier ministre de la République.
12. James Chichester Clark, Premier ministre d'Irlande du Nord de 1969 à 1971.
13. Si les protestants sont majoritaires au Nord, ils sont en minorité dans l'ensemble de l'île.

prétendent même que cette partition criminelle fut le fruit du machiavélisme britannique et que le sécessionnisme unioniste a été habilement et trompeusement encouragé par une Grande-Bretagne résolue à conserver une partie de l'île tout en émasculant l'autre. Je crois en revanche, quand je me penche sur l'histoire de l'Irlande, que la partition ne fut pas une machination ourdie par la perfide Albion mais une solution désespérée appliquée à un conflit ethnique et politique qui avait dégénéré et menaçait de s'aggraver encore ; qu'un million d'Irlandais du Nord appartenant à un groupe raisonnablement homogène, occupant un petit territoire et unis à la métropole britannique par d'évidents liens politiques, culturels et économiques, auraient obtenu l'autonomie s'ils l'avaient vigoureusement réclamée, puisqu'ils avaient pour eux les gens des rues et des terres d'Ulster et comptaient amis et sympathisants dans l'establishment britannique ; et enfin, que si le gouvernement britannique avait hésité à réprimer la révolte dans le sang entre 1912 et 1914, il s'y serait d'autant plus refusé dans les années 20 à 22.

L'Irlande n'est pas un cas unique : l'Europe centrale a été découpée avec le même pragmatisme tout de suite après la Grande Guerre, ce qui lui a assuré une paix provisoire tout en préparant le terrain à de futurs conflits. La partition a créé chez nous une situation tout aussi désordonnée. Un demi-million de catholiques se sont noyés dans la population du Nord-Est de l'île et une poignée de protestants en ont fait autant au Sud. Avec un accord plus élaboré, l'Irlande serait peut-être restée entière en 1922. Mais les deux parties en conflit n'étaient pas d'humeur à faire des compromis ni des expériences. Pour cela, il aurait fallu que les unionistes irlandais acceptent de rediscuter leur rôle et que les républicains nationalistes admettent la réalité des unionistes. Il était plus facile pour ces derniers de prétendre que le Sud de l'île leur était aussi étranger que la France ou la Belgique, et pour les nationalistes, que les unionistes n'étaient pas de vrais Irlandais et qu'ils n'avaient qu'à retourner chez eux en Angleterre ou en Écosse, ou bien qu'ils étaient irlandais et devaient donc cesser de se prétendre unionistes. Quoi qu'il en soit, les Anglais n'avaient qu'à se débrouiller pour trouver une solution puisque tout était leur faute.

Peu de catholiques sont disposés à croire que les protestants d'Ulster éprouvent une loyauté sincère envers leurs deux patries. Gerry Adams affirmait récemment que l'égalité des droits mènerait automatiquement à l'unification de l'Irlande puisque la fidélité des unionistes à la Grande-Bretagne dépendait du seul maintien de leurs privilèges. Je crois au contraire que c'est la peur d'être vaincus aux élections par une population catholique en pleine expansion et peut-être bientôt majoritaire, ajoutée à celle de ne pouvoir faire échec aux constantes revendications territoriales des politiciens sudistes, qui poussent les protestants à pratiquer le gerrymandering et à perpétuer la discrimination.

Je me rappelle une conversation, en 1994, avec Eamonn O'Cuiv, leader de Fianna Fail et petit-fils de De Valera. Une question qu'il me pose révèle l'abîme qui nous sépare et qui me semble presque impossible à combler : n'aurais-je pas plus d'estime pour moi-même, en tant qu'Ulsterman, si ma communauté était représentée au parlement de Dublin par un groupe politique influent au lieu de vivre des aumônes de Westminster ? Je lui réponds que je possède un passeport bleu, que, bien qu'Irlandais, je me considère comme un loyal sujet britannique et que j'ai le droit d'être aidé par l'État au même titre que tous mes compatriotes. Je ne crois pas qu'il m'ait compris. Mais suis-je sûr de me comprendre moi-même ?

L'appartenance multiple

Le grand-père d'Eamonn assurait qu'il n'avait qu'à sonder son cœur pour savoir ce que pensaient les Irlandais. Je n'en dirais pas autant concernant les protestants d'Ulster mais je vais néanmoins me livrer à une petite introspection.

Tel le poète John Hewitt, je me décrirai primo comme un habitant de l'Ulster, secundo comme un Irlandais et tertio comme un citoyen du Royaume-Uni. Toutefois, l'ordre de priorité de mes diverses appartenances compte moins que la nature triple de mon identité. Supprimez une de ces facettes et tout mon être devient mensonge. Hewitt ajoute qu'il se sent européen. Pour ma part, je ne peux mettre cette appartenance à égalité avec les trois autres bien que l'idée européenne m'enthousiasme. Quant à la citoyenneté britannique évoquée par le poète, elle me paraît un peu trop abstraite et légaliste. Je lui préfère la notion de « loyauté ». Je me sens enrichi et non diminué par ma parenté naturelle et indiscutée avec les autres peuples des îles Britanniques et par les horizons qu'elle m'ouvre. Je n'y renoncerais pour rien au monde, et surtout pas sous la menace d'un fusil. En revanche, j'accepterais le verdict des urnes, malgré de profonds regrets, si mes compatriotes voulaient réviser la constitution et quitter le giron du Royaume-Uni. J'admets aussi que tous les protestants n'en feraient pas autant.

Je ne pense pas que ma loyauté soit particulièrement caractéristique. Je déteste le nationalisme ostentatoire et l'abus des hymnes tribaux. Quand revient le mois de juillet, traditionnellement ponctué de grandes marches protestantes, certains orangistes insistent pour hisser le drapeau de l'Union dans la cour de notre église paroissiale. Cela me met mal à l'aise mais je ne m'y oppose pas : je ne voudrais pas choquer des coreligionnaires par ailleurs très respectables. De plus, ce geste ne peut froisser que ma femme et moi-même puisqu'il n'y a pas d'immeubles catholiques aux environs. Et nous avons appris, quant à nous, à vivre avec cette réalité. Je suis triste de voir tant de protestants nier leur identité irlandaise pour se proclamer britanniques. Pour moi, être britannique, c'est prêter allégeance à une identité plus vaste ; et nier son

« irlandicité », c'est refuser une grande partie de notre patrimoine, qui est irlandais. Notre paysage, notre climat sont propres à l'Irlande et à elle seule, de même que notre culture et notre langue. Comme le fait remarquer Salman Rushdie dans un essai intitulé *Commonwealth Literature Does Not Exist*, les peuples colonisés « refondent et acclimatent rapidement la langue du colonisateur ». Parce que la colonisation de l'Ulster, au XVIIe siècle, ne fut pas seulement l'œuvre d'une élite d'exportation mais aussi celle des peuples des îles Britanniques, l'interaction entre les autochtones et les nouveaux arrivants a simultanément « irlandisé » les colons, leur langue et leurs mœurs. Nombre de nos institutions sont indiscutablement irlandaises. Comme l'Église d'Irlande, à laquelle j'appartiens. Présente dans toute l'île, elle se distingue de l'Église d'Angleterre par son histoire et son organisation. Ou comme l'ordre d'Orange qui célèbre tous les ans la victoire du protestant Guillaume d'Orange sur le catholique Jacques Stuart à la bataille de la Boyne, laquelle assura une succession protestante au trône d'Angleterre et entraîna l'installation des protestants en Irlande. Les marches orangistes, spectaculaires et colorées, défilant au rythme des hymnes et des ballades, me semblent essentiellement irlandaises, de même que leur cohésion, leur sentiment communautaire, leur paranoïa, leur fanatisme et leur goût du secret. Elles ne sont britanniques que dans la mesure où la Grande-Bretagne est une entité composite constituée de plusieurs nations ou sous-groupes, dont le nôtre.

Cela dit, je comprends aisément les protestants qui nient leur « irlandicité ». Les nationalistes, y compris ceux de l'IRA, ont fait de la nationalité un enjeu, en soutenant par exemple qu'il existe en Irlande deux identités et deux communautés bien distinctes. Les loyalistes ont réagi en proclamant leur nature essentiellement britannique, allant, pour les besoins de la cause, jusqu'à réinterpréter d'anciens mythes et à se forger une préhistoire imaginaire : premiers habitants de l'île, ils auraient été envahis par les Gaëls. Ajoutez à cette guerre culturelle les bombes et les fusils, les meurtres sectaires et les agressions contre les forces de sécurité protestantes et vous obtiendrez un conflit de nature apparemment plus raciale qu'intercommunautaire.

De nombreux Irlandais, me semble-t-il, se coupent de leur passé au cours de leurs fluctuations identitaires. Trop de protestants oublient la contribution majeure de leurs ancêtres à la littérature, la langue et la musique irlandaises. Trop de catholiques jettent un voile pudique sur l'énorme participation de leurs coreligionnaires à l'expansion de l'Empire britannique, et pas seulement parmi les sans-grades. Certains prétendent que deux nations coexistent en Irlande. Dans ce cas, il y a deux nations irlandaises en Amérique et en Grande-Bretagne. Mais elles ont un même patrimoine tissé de chansons, de coutumes, de légendes, de labeurs communs comme le filage du lin et le travail de la terre, d'épreuves partagées comme la famine et l'émigration. Seules la religion et la politique nous séparent et nous différencient. Alors seulement nous hissons nos drapeaux, peignons les bords des trottoirs à nos couleurs et marquons notre territoire. Les hommes politiques ont tout intérêt à ce que les oriflammes de nos communautés respectives restent fermement plantées dans nos consciences.

Au cours de ces années difficiles, j'ai évolué à contre-courant de la plupart de mes coreligionnaires sur les plans culturels et affectifs sans pour autant remettre en cause notre union avec la Grande-Bretagne. Par exemple, je me suis mis à apprendre l'irlandais : je lis régulièrement des ouvrages écrits dans cette langue, malgré mes difficultés, et je séjourne chaque année dans le *Gaelteacht* de Donegal pour me perfectionner, ce qui, de l'avis général, n'est pas du luxe. Je partage cet intérêt pour mes racines avec un nombre croissant de protestants passionnés de musique et de danses traditionnelles, surtout de danses de groupe. J'habite une circonscription résolument unioniste et pourtant j'ai le choix entre quatre ou cinq pubs qui organisent chaque semaine des soirées de musique irlandaise. Je préciserai même qu'ils s'y emploient depuis plusieurs années, en tremblant que quelque *gauleiter* culturel ne lise ces lignes et ne fonde sur eux pour ramener chacun dans son camp et mettre un terme à cet œcuménisme. Dieu merci, les chansons comme les oiseaux ne se laissent pas volontiers encager. Leurs migrations les entraînent au gré du vent de l'Angleterre à l'Écosse et du Kerry à l'Amérique, à la fois régionales et cosmopolites, bien vivantes et libres d'entraves.

L'histoire de mon peuple et de ma famille sont des histoires irlandaises. Les définir comme britanniques et seulement britanniques serait une sotte tentative pour nier leur vitalité, leur variété et leur ampleur. Il m'a fallu du temps pour le comprendre mais cela n'a fait qu'augmenter le prix de ma découverte. Oui, je suis ce que James Chichester Clark voulait dire lorsqu'il parlait de la confusion qui règne dans notre esprit au sujet de notre identité. Et je crois l'heure venue de nous en glorifier au lieu de l'ignorer et de la défendre au lieu de nous en excuser. *IS mise Robin Glendinning. IS Protastunach me. IS fear Ulla me. IS Eireannach me ach d'fholainn Slainte an Banriona go foill.* Je m'appelle Robin Glendinning. Je suis protestant. J'habite en Ulster. Je suis irlandais mais je bois quand même à la santé de la reine.

Inventer la paix, et vite

La fin des années 60 et le début de la décennie suivante ont été marqués par la violence. Le fantôme de Tocqueville avait fini par rattraper l'honorable capitaine Terence O'Neill, coincé entre les revendications du mouvement pour les droits civils et la ligne dure de son propre parti. Dans ces circonstances, des erreurs étaient inévitables. En 1968, la RUC réprima brutalement une manifestation pour les droits civils dans le Derry. Des groupes protestants s'attaquèrent à des cités catholiques, à Belfast et ailleurs, et déclenchèrent des émeutes souvent sanglantes. Pendant ce temps, le révérend Ian Paisley, prêcheur et politicien extrémiste, progressait sur la terre d'Irlande « tel un noir Cuchulain[14] ».

Cette agitation était alarmante mais aussi très stimulante. J'ai toujours aimé la politique. Or voici que l'immuable rocher de notre système politique se fissurait devant mes yeux. Je voyais émerger des décombres le changement, la justice et la vérité, et je croyais que ce processus s'accomplirait en peu de temps : quelques mois, un ou deux ans au pire. J'ignorais que cette période marquait le début de vingt-cinq années de violence, de haine et de destruction. Je n'imaginais pas que la paix obtenue dans la peur et la douleur serait le fruit de notre épuisement et non de notre inventivité.

Je voulais que l'on trouve un moyen de faire la paix, et vite. Alors je suis entré dans un groupe de pression modéré favorable à la réforme, le New Ulster Movement, et je suis retourné aux réunions unionistes en me morigénant : cette fois-ci, je ne resterais pas bouche bée sur ma chaise. Puis on m'a expulsé d'un meeting de jeunes unionistes à Omagh. J'ai compris que l'on ne pouvait pas réformer le parti. Il fallait en créer un nouveau. Je suis donc devenu membre fondateur du Parti de l'Alliance.

Comment décrire cette époque ? Nous nous fixions des rendez-vous, nous allions à la pêche aux voix, nous tirions des plans sur la comète, nous nous aguerrissions au jeu politique. Nous complotions et nous intriguions. Nous étions tour à tour insensés, poltrons et courageux. Nous causions des drames dans nos familles. Je revois l'enterrement de la tante que mes opinions politiques et culturelles ont si souvent fait renifler. Il y a une réunion de famille après le cimetière.

14. D'après un poème de John Montague.

J'entre dans la pièce bondée. Tout de suite, on m'attaque parce que j'ai eu la folie, la sottise, l'idée impie de fonder un nouveau parti. Mes aînés m'assiègent, me collent le dos au mur, littéralement et métaphoriquement. Je m'embrouille dans mes arguments et mes tentatives de justification tombent à plat. Une voix tonne alors à l'autre bout de la pièce : « Cramponne-toi, Robin, c'est toi qui as raison ! » Le mari de ma cousine germaine. Tout le monde le regarde. Je ne suis plus seul.

Je suis confronté à une situation plus alarmante quand le Premier ministre unioniste Brian Faulkner autorise les emprisonnements d'office dans l'espoir de mettre un terme au raz de marée terroriste de l'IRA. Je dois prendre la parole à l'ouest de Belfast devant une nouvelle cellule de mon parti ; l'armée bloque les voies d'accès à l'autoroute. Bientôt, je me perds dans une banlieue labyrinthique. L'armée est omniprésente. Elle arrête les hommes jeunes et les adolescents. On tape par terre avec des couvercles de poubelles. On crie beaucoup mais, Dieu merci, personne ne tire. Une patrouille m'immobilise à un poste de contrôle. Je décline mon identité, j'explique ma présence sur les lieux, sans convaincre. Un bras en uniforme surgit par ma fenêtre entrebâillée : c'est un soldat du même âge que mes élèves. Un Anglais à l'accent provincial qui m'annonce : « Je vous arrête en vertu de l'article 7 du Special Powers Act. » On m'emmène dans une base militaire. Un médecin de l'armée me fouille, me photographie, me déshabille, m'ausculte. « Tête OK, épaules OK », psalmodie-t-il d'une voix plus cultivée que mon geôlier de tout à l'heure. « Dos OK... fesses OK... jambes OK, OK, OK ! » On me fait asseoir en face d'une photo peu ragoûtante punaisée au mur : un terroriste pulvérisé par sa propre bombe, semble-t-il, les viscères répandues comme des saucisses turgescentes, les mâchoires soudées sur un sourire surpris. Je suis censé ne pas la quitter des yeux. J'ignore le but de cet exercice mais je suis content que la photo ne soit pas en couleurs. J'écoute un caporal lire d'une voix hachée les nom, âge et religion des prises de la soirée : « Sean O'Gorman, dix-huit ans, catholique romain... Fergus Gallagher, dix-sept ans, catholique romain... Eamonn Farell, dix-huit ans, catholique romain, Robin Glendinning, trente-quatre ans, Église d'Irlande... » Puis on me laisse enfin partir.

Depuis, je raconte cette histoire dans les dîners en ville. Mais elle a peut-être moins bien fini pour Sean, Fergus et Eamonn. Ont-ils été retenus, brutalisés ? Appartenaient-ils à l'IRA ? Ont-ils ensuite rejoint ses rangs ? Ont-ils survécu aux vingt-deux années qui ont suivi ? En rentrant chez moi, cette nuit-là, j'ai compris que l'amertume et le sentiment d'injustice qui avaient suscité l'IRA provisoire ne pouvaient trouver meilleur encouragement que cette politique insensée. Sans oublier que de nombreux jeunes Britanniques sont morts en l'appliquant.

Le temps passait et la violence s'aggravait. Nous rêvions d'obtenir la majorité dans les nouveaux conseils de districts, ainsi qu'un vote centriste fort dans l'assemblée mixte catholico-protestante créée par le secrétaire d'État conservateur Willie Whitelaw[15]. Malheureusement, le vote communautaire a été déterminant et nous n'avons fait que 10 % des voix. Un résultat décevant mais suffisant pour que les nôtres siègent à l'assemblée et aux conseils municipaux au scrutin proportionnel. Par deux fois, je perds l'espoir de me faire rembourser mes frais de campagne, dans le Mid-Ulster et le comté d'Armagh : mes suffrages n'atteignent pas le pourcentage requis. Oh ! comme j'enrage de voir ma pile de bulletins de vote grossir si lentement alors que celles de mes rivaux gonflent jusqu'à recouvrir la table de dépouillement ! Je réalise enfin mon rêve, faire de la politique à plein temps, en me chargeant de l'organisation du parti pendant deux ans et

15. En mars 1972, après la démission du gouvernement unioniste, l'Irlande passa sous la responsabilité du parlement de Westminster (Direct Rule). Willie Whitelaw était premier secrétaire d'État.

demi, au début des années 70. J'apprécie cette expérience mais l'exécutif mixte dans lequel nous avons investi tant d'espoir et d'énergie tombe à l'occasion d'une grève loyaliste et la convention qui s'ensuit n'apporte aucune solution. J'assiste avec désespoir à ses ultimes débats et je sens que les unionistes se préparent d'amères défaites à force d'intransigeance.

Un clergyman qui faisait des vers

Je prends de la bouteille. Il n'y a pas d'avenir dans la politique pour un homme dont le parti ne fait que 10 % des voix. Il me faut un travail et des points de retraite. Je retourne à l'enseignement ; mon échec politique n'a pas mis fin à mes ambitions mais elles prennent d'autres voies : l'histoire et la littérature, et surtout la poésie et le théâtre. Dans le monde étrange de l'Irlande du Nord, politique, poésie, théâtre et vie quotidienne s'entrechoquent, se mélangent, s'interpénètrent sans fin.

J'ai longtemps pensé que Belfast était une capitale industrielle et commerciale mais pas une ville de culture. Sam Thompson n'avait été qu'une aberration et l'Ulster me semblait incurablement provincial. Quelques révélations viennent ébranler mes préjugés. En premier lieu Louis McNeice, au programme de mon cours de poésie de terminale. J'apprends qu'il est originaire de l'Ulster. Son poème « Carrinckfergus » figure dans l'anthologie des classes de seconde. Un vrai poème écrit par un vrai poète sur une ville d'Ulster et sur la vie d'un fils de pasteur protestant. Honteux, je cache ma scandaleuse ignorance et je me mets à lire. Puis je découvre un poète nommé Rodgers, pasteur presbytérien de son état. On peut donc faire des vers quand on est un clergyman protestant ? « Mais oui, regarde Bertie Rodgers », m'assène une tante Glendinning. S'ensuit un récit compliqué de nos liens de parenté avec Rodgers. Je me fais tout petit et je lis de plus belle.

Les vers de Patrick Kavanagh, par exemple. Il vivait et prospérait à Dublin au moment où j'étais étudiant à Trinity. Pourtant, je n'avais jamais entendu parler de lui. Mais que lisais-je donc, à part les livres de mon programme d'histoire ? J'achète ses œuvres complètes et je dévore les poèmes qu'il a consacrés au comté de Monaghan, situé au sud d'Armagh. De même, je connaissais les textes humoristiques de Myles nagCopaleen publiés dans le *Irish Times* mais j'ignorais qu'il ne faisait qu'un avec Brian O'Nolan, de Strabane, auteur de romans bizarres et inspirés.

John Hewitt n'apparaît pas au programme du bac. Sa poésie scrute avec rigueur la campagne et les gens de l'Ulster, dont il aime et respecte la rusticité et la nature laborieuse et individualiste tout en détestant leur sectarisme et leur fanatisme. L'un de ses poèmes me parle particulièrement. Il y réfute l'idée que les protestants sont des émigrés récents, des coloniaux, une race somme toute temporaire, pas d'ici et qui a moins le droit d'appeler l'Irlande sa patrie que les autochtones.

> [...] Nous voilà changés,
> Conscrits rustiques qui avons usurpé la terre,
> Sinon en frères, en cohabitants,
> Comme la chèvre et le bœuf paissent au même pâturage,
> Chacun gagnant à ce voisinage ;
> Car nos droits nous sont conférés par le sol et par le ciel :
> L'usage, le rythme, les patientes années de labeur,
> La pluie contre nos lèvres, la lumière changeante,
> La lourde foulée sucée par l'argile nous ont transformés ;
> Nous serions des étrangers au capitole :
> Ce pays est aussi le nôtre, notre seule patrie
> Et nous ne serons pas des proscrits bannis dans le monde.

Je fais des remplacements. Pour mon deuxième poste, on m'envoie à la Wallace High School de Lisburn. Ma propriétaire a deux filles inscrites à la grammar school rivale, The Friends School. Elles me parlent d'un professeur d'anglais complètement dingue. Un fou de poésie qui chante et joue de la guitare en classe. C'est James Simmons, qui deviendra mon ami. Il lance un magazine de poésie intitulé *The Honest Ulsterman* avec trois francs six sous. Les poèmes de Seamus Heaney se glissent dans le programme. Cette fois-ci, j'ai pris de l'avance : j'en ai lu quelques-uns à mes élèves. Ils adorent les grenouilles « pétantes aux têtes mal équarries » qu'il décrit dans sa « Mort d'un naturaliste ». Pour de mauvaises raisons ? Peut-être mais c'est un début, la preuve que la poésie est un art fort, charpenté. Le reste du poème vient dans la foulée.

Frank Ormsby dirige le département auquel j'émarge à la Royal Belfast Academical Institution, INST pour faire court. Son premier recueil de poèmes paraît un an après mon arrivée. L'INST attire les poètes, quand elle ne les produit pas. Derek Mahon et Michael Longley, que j'ai connus à la fac, y ont fait leurs études avant d'entrer à Trinity. La bibliothèque de l'INST regorge de livres passionnants. J'y passe avant de rentrer chez moi dans l'après-midi ou bien je fais un crochet par la bibliothèque de Linenhall. Je lis des romans et des pièces. J'aime la plupart des romans, surtout Moore et Leitch. Friel excepté, les Irlandais du Nord ne sont pas de bons auteurs de théâtre. Il y en a un que l'on joue régulièrement au Lyric, le théâtre local, et qui est si mauvais que je n'en crois pas mes yeux. Aucun doute, je pourrais faire mieux.

J'enseigne l'anglais, j'ai donc affaire à Shakespeare. Je le connais mal car je suis diplômé d'histoire et non de lettres. N'ayant pas le bagage suffisant pour aborder ses pièces sous un angle purement littéraire, je les traite comme des œuvres à mettre en scène. Inlassablement, un César de seconde se fait larder de coups par des conspirateurs armés de règles puis, son texte à la main, se tord en un spasme d'agonie devant ses condisciples. Ces explorations scéniques ne me satisfaisant pas, je fais dévaler les escaliers à mes élèves. Puis je leur déclame le discours d'Henry V à Harfleur : « Encore une fois sur la brèche, mes bons amis, encore une fois... » après quoi on remonte en chargeant, le fracas des pas, les bousculades, les attroupements sur le palier et les cris de « Dieu pour Harry, l'Angleterre et saint Georges ! » étant somme toute une expérience dramatique. Mes confrères alarmés passent la tête par la porte de leurs salles de classe, ce qui ajoute du piment à l'affaire.

Il n'y a qu'un pas de ces séances à une véritable mise en scène. Nous montons une pièce pour l'école. Aussi discutable que soit notre travail, j'apprends beaucoup. La mécanique dramatique se révèle sur les planches comme elle ne le fera jamais en classe. Quant à moi, j'ai l'impression de diriger ma propre compagnie. Le résultat est imparfait mais l'enthousiasme, le plaisir, la surprise sont là à chaque instant.

Peu à peu, je gagne en assurance, j'explore de nouvelles voies. Puis je me demande si un théâtre scolaire ne devrait pas refléter l'actualité. Nous sommes en 1989 et les Irlandais du Nord se déchirent depuis vingt ans. Il faut réagir. Nous mettons au point un projet théâtral avec Sainte-Louise, une école de filles de Falls Road. Flanqué de mes complices Patricia Mallon et Paddy Fleming, je demande aux élèves de nous fournir des sujets. Un garçon de l'INST apporte un recueil des poèmes de Bobby Sands[16] tandis qu'une fille de Sainte-Louise s'élève contre l'utilisation de textes écrits par des membres de groupes paramilitaires. Les avis divergent à propos d'une série de sketches situés à Belfast que nous finissons tout de même par monter. Certains critiquent leur tiédeur, d'autres leur noirceur. Je constate avec joie qu'au lieu de dresser l'école des filles contre celle des garçons et les catholiques contre les protestants, le débat oppose les

16. Terroriste républicain, mort en prison en 1982 des suites d'une grève de la faim : voir plus loin.

progressistes et les conservateurs endurcis des deux établissements. Les jeunes gens intelligents sont tellement plus sensés que leurs aînés !

Pourtant, au moment où je commence à croire que l'éducation peut faire des miracles, je me heurte à un mur de préjugés. La pièce que nous répétons pour l'année prochaine mettra en scène James Orr, poète tisserand qui prit part à la rébellion de 1798. Orr était membre des Irlandais unis. Inspiré par les révolutions française et américaine, il rêvait de bouter les Anglais hors de l'île et de rassembler catholiques, protestants et dissidents sous la bannière irlandaise. Il était du même bord que Betsy Gray ; Denis O'D Hanna m'avait parlé de lui. L'un de mes élèves sèche les répétitions, je lui demande pourquoi à brûle-pourpoint. S'ensuit une entrevue longue et pénible. Il invoque des excuses peu convaincantes puis me confesse, en larmes, que ses principes unionistes lui interdisent de jouer dans une pièce dont le héros est un républicain. J'essaie de lui faire comprendre avec douceur qu'incarner Macbeth ne signifie pas que l'on cautionne le régicide et le commerce avec les sorcières. C'est un garçon intelligent, qui fait des vers et projette d'étudier le droit à Cambridge, mais je n'arrive pas à le faire changer d'avis et je me résigne à le laisser partir.

Le théâtre dans la rue

La violence fait rage hors des murs de l'école. Il en ira ainsi jusqu'au début des années 80. Nous avons des alertes bleues, jaunes et rouges, des annonces au haut-parleur : « Le service des bus est interrompu suite à des attentats à l'Est de la ville. Les élèves qui souhaiteraient contacter leurs familles peuvent utiliser le téléphone du bureau. » L'école survit vaille que vaille, comme tant d'autres dans des quartiers encore plus menacés, îlots de paix et de savoir dans un océan d'événements sanglants et chaotiques.

Mars 1984. J'affronte l'économe de l'école au cours de l'une de nos disputes rituelles dans le bureau de l'administration. Il me faut une machine à faire du brouillard et une autre pour la fumée. C'est pour la scène du fantôme dans *Le Violon sur le toit.* Il me demande si elles sont vraiment indispensables. Comme la pièce elle-même n'est indispensable qu'au sens le plus indulgent du terme, j'accumule les arguments avec autant d'acharnement que de mauvaise foi. A-t-on jamais vu un fantôme sans fumée ? Tandis que je plaide ma cause avec une ardeur désespérée, on tente d'assassiner Gerry Adams devant l'école. Nous nous précipitons aux fenêtres et voyons des cars de police, une ambulance, des voitures coincées dans les encombrements. Des rumeurs circulent. Il est mort. Mais non. Pourquoi non ? Les protestants ne sont pas fichus de tirer droit, répond un cynique. Trois hommes sont arrêtés. Les cars de police s'en vont, les hurlements des sirènes s'éloignent, la circulation se remet à gronder. L'économe m'accorde mes deux machines. Je sors de l'école en me demandant si l'intensité du moment y est pour quelque chose. Je remarque alors un panneau qui indique aux futurs élèves dans quel bureau se rendre pour l'entrevue préliminaire à l'inscription. Un garçon de onze ans, accompagné de sa mère, émerge du flot de la circulation. Ils sont un peu en retard et se font sûrement plus de souci pour leur rendez-vous que pour l'incident de tout à l'heure.

Nous sommes si habitués à la présence des militaires que nous ne les voyons plus. Tandis que je cornaque dans l'Ouest de Belfast deux producteurs anglais qui s'intéressent à une pièce que j'ai écrite, nous croisons le cortège funèbre d'un membre d'un groupe paramilitaire. Je suppute que ce spectacle les intéressera et nous sortons de notre véhicule pour voir passer le convoi. Quand nous remontons en voiture, je me rends compte qu'ils sont blancs comme des linges et absolument terrifiés. Je leur demande pourquoi. « C'est ce soldat, bredouillent-ils. Il était dans la foule et portait un fusil. »

Je trouve leur panique extrêmement comique. Le lendemain, sûr de mon effet, je raconte l'histoire à un collègue. Il me remet les idées en place : « Tu te plantes, Robin. Cette situation est complètement anormale. »

Je refais de brèves incursions dans la vie politique, en soutenant par exemple la candidature de mon frère qui se présente à une élection dans Belfast Ouest. Le jour *J*, nous collons nos affiches à côté des bureaux de vote, à deux heures du matin. Plus tôt, nos adversaires les auraient déchirées ou barbouillées de graffiti. Je suis seul avec mon frère : nos militants sont peu nombreux, fatigués par la campagne, et il faut qu'ils soient frais et dispos pour le dépouillement. La sœur cadette de ma tante renifleuse fait partie de notre équipe. Depuis la mort de son aînée, elle se bat comme une lionne pour la cause modérée.

L'opération comporte un risque : afin de garantir le bon fonctionnement de la démocratie, l'armée monte la garde à l'intérieur du bureau de vote, une école catholique. J'ai apporté une grande échelle pour accrocher des affiches au sommet des poteaux télégraphiques. Il fait nuit noire et je calcule que la meilleure stratégie consiste à être très bruyant, de sorte que les soldats, que nous n'avons pas encore aperçus, ne nous prennent pas pour des terroristes. Je suis au beau milieu de la route, muni de ma ficelle, de mon échelle et de mes affiches, quand des ombres surgissent de l'obscurité. Je laisse tomber l'échelle et je crie d'une voix fébrile que je suis en train de coller des affiches. « Okay, boss, file nous-en une », répond un militaire. Je lui donne la plus grande. Il se fond dans l'obscurité avec ses camarades.

Ma femme et moi assistons à un dîner des anciens de Trinity College dans l'une des ailes de l'hôpital municipal de Belfast. Un dîner de gala avec d'innombrables plats, arrosé de vins fins et ponctué de discours. Nous rentrons chez nous vers minuit et allumons la télévision. Un homme blessé à la suite d'une tentative d'assassinat a été amené aux urgences.

Puis les terroristes ont forcé les portes pour l'achever dans l'enceinte même de l'hôpital. Était-ce après l'entrée ? Le premier service ? Pendant le discours sur l'avenir de mon ancienne université ? Devrions-nous nous féliciter d'être sains et saufs, nous sentir coupables ou les deux ? Ce fait divers est-il une aberration ou un résumé de notre situation ?

Les meurtres et les attentats continuent. Nous les regardons en différé sur le petit écran. Comme tout le monde. Ou peut-être pas : après tout, les lieux nous sont familiers et parfois même nous connaissons les victimes. Un jour, j'apprends aux actualités qu'un Américain a été pris en otage à Beyrouth alors qu'il se rendait dans un night-club. Nom d'une pipe, il y a donc des night-clubs à Beyrouth ?

La réponse du petit commerce

Je vais passer une soirée dans un pub. Un vaste pub à l'ancienne très bien aménagé. D'un côté se trouvent une salle à manger élégante avec son bar. Puis une autre salle, tout aussi chic, pour les banquets : un quatuor à cordes fournit le fond musical. Un deuxième bar est installé plus loin, dans une cuisine rustique dallée de pierre. On y joue de la musique traditionnelle et le club de yatching local y arrose la fin des régates. Ensuite vient une salle sans chichis ouverte au tout-venant. Nous sommes peu avant le 12 juillet, date anniversaire de la bataille de la Boyne. Surprise, une foule bruyante afflue soudain. C'est un orchestre « Kick the Pope[17] » vêtu de bleu et de violet criards et flanqué de ses supporters. L'observateur qui sommeille en moi s'arrache à son fauteuil confortable et traîne le reste de ma personne dans les clameurs et la bousculade. Ils chantent des chansons scandaleusement sectaires et provocantes :

17. Les orchestres « Kick the Pope » et « Blood and Thunder », presque exclusivement composés de flûtistes, sont connus pour leur comportement violemment sectaire.

Avale ton dîner Bobby Sands,
Avale ton dîner baiseur Fénian[18],
Avale ton dîner Bobby Sands.

Le personnel réagit au quart de tour : on ferme les portes, on rabat précipitamment les volets. Les fauteurs de trouble sont isolés des dîneurs civilisés avant même d'entonner :

Du balai, du balai chiens papistes,
Le temps de dire un Ave,
Et on jettera vos carcasses par-dessus la Dolly's Brae !

Ainsi, la direction ménage les sentiments de la clientèle tout en permettant au bar de débiter les verres à un rythme alarmant, tandis que les buveurs braillent :

Alors vint un homme une pelle à la main,
Il dit : Les gars n'avancez plus,
Car nous pendrons le pape Fénian au bout d'une corde,
Avant de leur laisser franchir la Boyne !

Est-ce la réponse du petit commerce à l'affrontement irlando-irlandais ? Et suis-je concerné ? Mon besoin pathologique d'observer mes semblables excuse-t-il ma passivité ?

Pour écrire, il faut être un observateur passionné. À mesure que se confirmaient mon engagement politique et mon appétit de lecture, j'ai compris, de plus en plus clairement, que les auteurs traitent des subtilités et des paradoxes de la vie avec beaucoup plus de talent que les hommes politiques. Un politicien démocrate et respectueux de la constitution ne saurait décrire l'IRA autrement que comme un groupe de meurtriers sans qu'on l'accuse de cautionner l'assassinat politique, alors qu'un auteur peut souligner l'humanité d'un terroriste. Un politicien doit avoir l'air convaincu même s'il nage dans le doute et la confusion, sans quoi il devient vite un *ex-*. Ce n'est pas sa faute, c'est nous qui exigeons qu'il ait l'air de tout savoir. Un ex-politicien, ça ne sert à rien. En revanche,

18. Membre d'une association secrète antibritannique qui a eu son heure de gloire au XIXe siècle.

un auteur dramatique peut mettre chaque spectateur face à lui-même en s'abritant derrière ses personnages. Peu à peu, le militant que j'étais est devenu conscient des impératifs du jeu politique : faire coller les événements à une grille d'analyse partisane ; simplifier abusivement des vérités souvent complexes ; savoir parler pour ne rien dire.

C'est alors que je me suis mis à écrire. Je commence par des nouvelles parce que c'est un genre court. Elles sont publiées dans divers journaux et magazines. Puis, pendant notre déménagement à Belfast, je tombe sur une nouvelle inachevée en déballant une caisse de papiers. Je suis frappé par le contraste entre le style boursouflé de mes descriptions et la relative vivacité de mes dialogues. Je m'assois par terre, dans un capharnaüm de cartons, de meubles et de tapis roulés, et je commence à l'adapter pour la scène. Elle sera produite par la BBC. Un homme politique en mal d'électeurs devient un auteur qui a trouvé son public.

La conscience d'une communauté

Comme il faut s'y attendre, nombre de mes textes sont politiques et inspirés par un souci pédagogique. Je dois aussi surmonter la terrible tentation de reproduire à l'identique la bizarre réalité de l'Irlande du Nord, ce qui relèverait mes œuvres d'un zeste de surprise, d'intérêt ou de faux glamour. Ai-je droit à la parole alors que je n'ai connu ni la mort ni le deuil ? Le conflit a fait plus de trois mille victimes. J'en connaissais certaines mais aucune ne comptait parmi mes intimes. Comme tout le monde, j'ai ressenti la sourde horreur qui accompagne les grandes catastrophes. La télévision retransmet les enterrements, le chagrin des parents, la colère des amis. Parfois je pleure rien qu'en les regardant. Est-ce assez ?

La vie continue, belle, entre deux tragédies, grâce à mon

travail, mes lectures, mes écrits, ma passion pour l'histoire et la politique, sans oublier ma femme et ma famille. Le soir, tandis que la guerre fait rage, je me mets à ma table et j'écris des mots. Et si je dressais la liste des morts ? À titre de commémoration, solennelle, émouvante ? Et déjà vue, voire rabâchée. Je me demande d'ailleurs si je ne frise pas l'indécence. J'écris envers et contre tout. Est-ce la seule réaction possible ? Dois-je sonder plus profondément la conscience de la communauté à laquelle j'appartiens ?

J'écris une pièce sur des adolescents. Peut-être leur énergie brutale, leur obsession du sexe, leur quête d'identité passionnée ont-elles des vertus politiques, peut-être parleront-elles mieux de nos épreuves que les sempiternelles analyses et polémiques. Un véritable auteur dramatique devrait tendre à l'universalité au lieu de faire de la politique, estiment les critiques, et je m'efforce d'ignorer ces roquets jappants mais j'ai du mal. Au beau milieu de la pièce, je me permets de mettre en scène un personnage qui symbolise l'autorité ; il fait un vrai discours, sur un ton très formel, au cours d'une distribution des prix. Je connais bien cet homme. Un être raisonnable, modéré, qui sait toujours quand le compromis se mue en trahison. L'acteur Denis Hawthorne le connaît bien, lui aussi, il en a rencontré une douzaine à l'université. Pourtant, sa scène stupéfie les critiques. À quoi rime cette péroraison militante en plein milieu d'une pièce ?

Mon portrait de la bourgeoisie protestante me vaut une volée de bois vert. À en juger par les réactions que suscite ma pièce, elle forme le groupe humain le plus impopulaire des îles Britanniques ; on l'accuse de rouler en BMW et de se ficher de tout. Les ouvriers protestants sont tout aussi sectaires et sans doute plus violents ; pourtant, on leur reconnaît la même authenticité qu'aux catholiques de tous les milieux alors que la classe moyenne protestante passe pour une communauté de snobs déracinés et acculturés qui exhibent dans leurs bibliothèques des livres qu'ils ne lisent pas. J'écris une pièce sur la famille d'un censeur de lycée. Son intrigue se situe dans un hâvre de verdure et de respectabilité bourgeoise de la banlieue de Belfast. Son héros est un homme conscient et généreux ; mais découragé par la vie, il se sent impuissant contre la folie du monde. Puis la pièce est jouée à Londres. Un critique me règle mon compte : « Les personnages pourraient habiter la banlieue londonienne s'il n'y avait leur accent et leurs convictions politiques. » Je me demande ce qu'il s'attendait à voir en scène : des fusils, des tambours orangistes dans le salon, des bizarreries qui signaleraient ces gens comme différents - « irlandais » ?

L'un des livres que j'ai lus dans les années 70, époque où ma véritable éducation a commencé, s'intitulait *The Lonely Passion of Judith Hearne*. Brian Moore y décrit un Belfast qui m'est inconnu, celui des petits profs et des ouvriers catholiques des années 50, une période coincée, boutonnée jusqu'au menton, pendant laquelle la majorité des catholiques menaient une vie respectable, remplie d'inhibitions politiques, et laissaient aux générations suivantes le soin de se colleter avec le mépris, la discrimination et la partition apparemment irrémédiable du pays, quels que soient les regrets qu'elle leur inspirait. À leurs yeux, l'hégémonie unioniste était invincible, la violence de l'IRA inacceptable, les mouvements nationalistes inefficaces. Ils pensaient aussi que l'Irlande du Sud s'en lavait les mains : ses politiciens les avaient abandonnés à leur sort et réprouvaient les inégalités par opportunisme politique, uniquement quand ça les arrangeait.

J'assiste à la première du film tiré du livre de Moore. Son action a été déplacée à Dublin, ce qui est un contresens absolu. Le metteur en scène justifie cette trahison en affirmant qu'un public international ne comprendrait pas qu'un film situé à Belfast ne traite pas des affrontements. Le fait que ces derniers auraient ainsi été abordés avec plus de sérieux et de profondeur que dans bien des films qui leur ont explicitement été consacrés semble lui avoir échappé. De plus, le film a été doté d'un happy end pour plaire audit public international.

Furieux, Brian Moore retire son nom de l'affiche. Quant à moi, j'enrage : comment pourrons-nous nous faire entendre si les médias se refusent à présenter Belfast comme une vraie ville, vivante, complexe, animée par une vie propre, et ne voient en elle que le théâtre de nos conflits ? À croire que toute histoire irlandaise digne de ce nom doive se passer à Dublin avec des violons et des pipeaux dans chaque pub.

Tandis que nous nous évertuons à nous auto-analyser, nous constatons, de moins en moins surpris, la façon dont le cinéma et la télévision réduisent notre pays à son aspect romanesque. C'est en partie la faute de nos marches traditionnelles ; de nos bannières et de nos écharpes aux couleurs éclatantes décorées de figures bibliques ou archaïques ; du bruit du tonnerre et des pulsations obsédantes des monstrueux tambours de Lambeg ; des garçons qui défilent en lançant leurs bâtons vers le ciel, toujours plus haut, avec autant d'exubérance que de dextérité. Les reporters de Dublin et d'ailleurs n'ont plus qu'à installer leurs caméras : voici la danse tribale dans toute sa grandeur, sa barbarie et son anachronisme. Voici un peuple manifestement empêtré dans son passé. Voici de la télé sur le vif.

L'ordre d'Orange

Pourtant, ce symbolisme haut en couleur, inspiré de la Bible et des rites francs-maçons, cache une réalité plus obscure, plus secrète et difficile à discerner, une réalité liée à notre histoire, notre religion et notre conception de la collectivité. Les marches n'ont jamais attiré les touristes, même en temps de paix : ceux qui y assistent appartiennent en fait à la grande famille des orangistes. Néanmoins, un visiteur qui suivrait l'une de ces manifestations dans l'Ulster profond ne manquerait pas d'être impressionné. Les loges défilent. Il y en a une soixantaine. Chacune compte de vingt à trente individus. Chacune est précédée d'une fanfare d'une vingtaine d'hommes. Les noms des loges claquent sur leurs bannières : ils couvrent la carte de la région car ce sont ceux de leurs villes et de leurs villages d'origine. Ce même jour, deux ou trois défilés ont lieu dans chaque comté. Chaque marcheur étant pourvu d'une femme, d'une famille, de parents et d'un cercle d'amis, cela signifie que toute une communauté s'est déplacée pour exprimer sa solidarité. C'est un spectacle impressionnant. Et instructif. Enraciné dans le terroir, l'ordre d'Orange a des origines populaires ; en cela, il n'a jamais changé. Les hommes politiques ont plus besoin de lui que l'inverse. Les aspirants réformateurs devraient tous s'obliger à suivre une marche de temps à autre pour bien mesurer l'immensité de leur tâche.

L'ordre d'Orange ne représente pas tous les protestants. Lui-même est plus complexe qu'il n'y paraît. Notre touriste imaginaire, s'il roule à travers la campagne de l'Ulster, s'étonnera sûrement de la beauté de ses paysages comme de la fréquence des bungalows modernes qui le défigurent. Et s'il est vraiment très observateur, il sera frappé par le nombre et la diversité des lieux de culte, des salles de réunions en tôle ondulée aux tentes des missions en passant par les petits centres évangéliques grands comme des mouchoirs de poche. Les élus y convergent pour s'entendre dire qu'ils ont été « lavés dans le sang de l'Agneau », qu'ils sont « nés de nouveau », qu'ils sont entrés « dans la vie éternelle ». Leurs âmes ont été sauvées pour l'éternité à une certaine heure d'un certain jour et en un lieu déterminé. Dieu, par cet acte unique, les a choisis pour être siens. Voilà une idée qui me semble cruciale pour comprendre la formation politique et culturelle des loyalistes les plus engagés.

Les fidèles qui refusent le dogmatisme et les excès de zèle religieux, qui pratiquent la tolérance, qui estiment que leur foi est une affaire privée et que la principale utilité du culte est de resserrer les liens entre voisins sont sans doute majoritaires parmi les protestants. Néanmoins, à l'image des non-pratiquants qui ne mettent les pieds au temple que pour les mariages et les enterrements, ils subissent l'influence de coreligionnaires qui confessent hardiment Jésus-Christ crucifié. Voilà pourquoi l'Église de Ian Paisley, qui ne compte que douze mille membres selon un recensement récent, joue pourtant un rôle considérable sur la scène politique et religieuse. Le fait que l'homme fort de la politique protestante en Ulster se définisse lui-même comme un croyant et un témoin du Christ lui vaut un prestige et un respect particuliers : on le traite de « grand bonhomme » ou d'« homme de Dieu », on l'appelle aussi « le Docteur ». Un jour, pour amorcer le dialogue, le Premier ministre britannique Jim Callaghan se risqua à lui dire : « Nous sommes tous enfants de Dieu. » « Non, nous sommes ceux de la colère », répliqua Paisley. Ce fut un moment clé. Face à un homme qui vivait selon la Bible, Callaghan perdait pied malgré ses bonnes intentions. La rhétorique biblique de Paisley impressionne même si l'on en rit. « Quoi que l'on pense de ses idées, et pourtant ce n'est pas ma tasse de thé, il faut reconnaître qu'il dit toujours la vérité », vous assurent les gens, sous-entendant que les hommes politiques dans leur ensemble sont des menteurs patentés, surtout les Anglais et les Irlandais du Sud, les premiers servant d'hommes de paille aux services secrets britanniques et les seconds ayant été pervertis par les jésuites.

Paisley encourage le terrorisme tout en le condamnant ostensiblement. Quiconque prêche sur le mode apocalyptique appelle à la violence. Quiconque traite les femmes catholiques d'« incubateurs du Vatican » ouvre la voie à la purification ethnique. De nombreux protestants convaincus d'assassinat s'abritent derrière les appels au combat du Révérend et de certains meneurs loyalistes. Paisley n'a pas que des amis parmi les loyalistes : les nouveaux partis issus de l'UDA et de l'UVF ont réagi avec plus de modération que lui au cessez-le-feu et ne cachent pas le mépris qu'ils lui portent ainsi qu'à son mouvement, le DUP. Peut-être la paix affaiblira-t-elle le Révérend qui a semble-t-il beaucoup misé sur une violation du cessez-le-feu et qui n'attend que le prochain attentat ou le prochain meurtre pour tonner qu'il nous l'avait bien dit. Sans doute, à force de croire en la réalité de l'Harmaguédon, des flammes de l'enfer et des quatre cavaliers de l'Apocalypse, compte-t-il fermement les voir fondre sur l'Irlande. On ne traite pas avec Satan. Or Gerry Adams et le pape sont Satan, de même que John Hume, quoique d'une façon plus subtile et moins explicite. Je suis convaincu que Paisley, en tant qu'homme politique, serait prisonnier de l'absolutisme de son église s'il trouvait moyen d'établir un compromis honorable avec les catholiques. Avant d'oublier ce personnage cocasse aux anachronismes pittoresques, pensez au front commun formé par la nouvelle droite, les télé-évangélistes et les chrétiens fondamentalistes aux États-Unis. Ou rappelez-vous Israël dont la plupart des hommes politiques appartiennent à des partis laïcs mais où des minorités religieuses vociférantes cramponnées à leurs dogmes et à leurs rites exercent une influence et un pouvoir très exagérés par rapport à leur importance numérique ; les leaders de la majorité ne peuvent se permettre de les ignorer parce qu'ils en appellent à des éléments essentiels de l'inconscient collectif. Paisley agit de même sur les cœurs et les âmes des protestants de l'Ulster.

« Pourquoi dors-tu, Seigneur ? »

Nous avons un autre point commun avec Israël, ou plutôt avec les Israélites de l'Ancien Testament. Leur histoire est celle d'un peuple à qui Dieu a promis une terre, laquelle doit être soustraite aux tribus idolâtres qui l'occupent. Le peuple élu triomphe avec l'aide de Dieu, au prix d'une guerre ininterrompue. Et Dieu, son dieu, l'abandonne parfois. Le psaume 44 décrit parfaitement ce processus :

> Ô Dieu ! Nous avons entendu de nos oreilles,
> Nos pères nous ont raconté
> Les œuvres que tu as accomplies de leur temps,
> Aux jours d'autrefois,
> De ta main tu as chassé des nations pour les établir,
> Tu as frappé des peuples pour les étendre.
> Avec toi nous renversons nos ennemis,
> Avec ton nom nous écrasons nos adversaires.

Voilà qui évoque de façon troublante la colonisation de l'Ulster par les protestants au XVIe siècle, l'expulsion des seigneurs irlandais, l'écrasement des rebelles, le siège de Derry, la victoire de la Boyne et les innombrables combats, du plus petit au plus grand, qui ont ponctué les siècles suivants. Au verset 10, le ton change :

> Cependant tu nous repousses, tu nous couvres de honte,
> Tu ne sors plus avec nous.

Mais le pire est encore à venir :

> Tu nous livres comme des brebis à dévorer,
> Tu nous disperses parmi les nations.

Alors le peuple élu proteste :

> Tout cela nous arrive, sans que nous t'ayons oublié,
> Sans que nous ayons violé ton alliance.

Puis il demande à Dieu de leur rendre sa faveur :

> Réveille-toi ! Pourquoi dors-tu, Seigneur ?
> Réveille-toi, ne nous repousse pas à jamais !

Si Dieu lui-même n'inspire plus confiance à son peuple, quelle chance a le gouvernement britannique auprès des loyalistes ? Je suis convaincu que l'expérience intime de la perte et de la trahison chantées par les psalmistes, associée à une peur séculaire, d'ailleurs justifiée, et au souvenir des triomphes de Josué, de Gédéon ou de Guillaume d'Orange, a fortement marqué la mentalité protestante. Peut-être l'ordre d'Orange ressuscite-t-il au cours de cérémonies secrètes les déroutes des Hébreux pour la même raison qu'il célèbre en grande pompe la victoire de Guillaume à la bataille de la Boyne : afin de rappeler à Dieu, autant qu'à ses membres, « les œuvres accomplies aux jours d'autrefois ».

Les orangistes forment une organisation très attachée au rituel, capital dans les mouvements religieux. Les itinéraires des marches annuelles ont pour eux une signification profonde absolument incompréhensible pour le monde extérieur. Bien sûr, ces manifestations sont aussi l'occasion de provoquer l'ennemi, de revivre de vieilles batailles et de ressortir d'antiques cris de guerre quand des riverains catholiques s'opposent au passage des défilés, mais la plupart des itinéraires ne soulèvent aucune contestation et les marcheurs s'y conforment scrupuleusement. Quand on leur demande pourquoi ils empruntent le même chemin chaque année, ils répondent : « Parce que c'est la tradition. » Le monde extérieur, moi compris, sourira sans doute à tant de simplicité. En réalité, elle cache une vérité plus profonde qu'ils se garderont bien de vous expliquer. Le rite suffit.

On l'a vu, les protestants ont la hantise de la trahison. De plus, ils sont convaincus qu'on les trahit partout, tout le temps. Ils vivent dans la paranoïa. L'IRA a posé des bombes pendant vingt-cinq ans ; aujourd'hui, on lui cire les bottes, ses chefs sont fêtés sur la scène internationale, reçoivent des prix pour leur action pacifiste. Cette vision peut paraître simpliste mais c'est ainsi que de nombreux protestants, la majorité sans doute, comprennent le processus de paix. Toujours assiégés, toujours perdants, toujours en quête de l'homme providentiel qui ne les trahira pas, les protestants finissent immanquablement par ne compter, tout espoir perdu, que sur leurs propres forces. Le psaume 44 décrit le peuple élu comme « un objet d'opprobre pour (ses) voisins, de moqueries et de risées pour ceux qui (l') entourent ». Voilà une expérience que les loyalistes connaissent bien. Ils n'ont pas bonne presse. Ils le méritent puisque les atrocités de leurs groupes paramilitaires valent bien celles de l'IRA. Ils ont pourtant l'impression d'être incompris et diffamés. Par ailleurs, ils assument de mauvaise grâce la responsabilité des années de discrimination qui ont causé les affrontements. D'où ce cercle vicieux : plus ils se sentent incompris, plus ils s'isolent dans un silence hautain et moins on les comprend.

Relevez cette combinaison explosive d'une bonne dose d'antipapisme primaire, sentiment qui s'est éteint au fil des ans dans le reste du Royaume-Uni, et vous obtiendrez un cocktail un peu entêtant. Un cocktail trop souvent agité par la rhétorique biblico-apocalyptique de certains leaders loyalistes. Tout cela contribue à faire de certains protestants des gens moroses, méfiants, amers, incapables de pardonner, inaptes à voir les avantages d'un compromis politique. C'est ainsi qu'ils finissent pas ressembler à l'image que donne d'eux le petit écran, laquelle les consterne. Je les compare parfois à des animaux antipathiques et asociaux pour lesquels aucune SPA n'irait bloquer trains et avions. Qu'importe si on les trahit ? C'est leur faute, ils sont impossibles. Comme le disait Harold Wilson : « Pour qui se prennent-ils ? » Pour les enfants d'Israël, peut-être ?

La déesse Irlande

Le Canon des républicains fait appel à des illusions différentes mais qui opèrent de façon similaire dans la communauté catholique. Prenons par exemple la révolte de Pâques 1916. Elle fut le fait d'une petite bande de révolutionnaires résolus mais qui ne disposaient en aucune façon du mandat de leurs organisations, qu'elles soient secrètes ou officielles, et encore moins de celui du peuple d'Irlande. L'un des conjurés fut même kidnappé par les siens parce qu'il avait souligné qu'agir sans le soutien de ses compatriotes serait une violation patente de la constitution de leur organisation, l'IRB[19]. Cela n'empêcha pas les insurgés, convaincus que leur sacrifice rachèterait huit cents ans de passivité face aux Britanniques, de passer à l'acte et de publier cette déclaration : « Au nom de Dieu et des générations défuntes de qui elle tient ses traditions antiques en tant que nation, l'Irlande, par nos personnes, appelle ses enfants sous sa bannière et combat pour sa liberté. » L'expression « par nos personnes » est cruciale : l'Irlande, cette déesse, cette abstraction, *nous* a choisis. Donc le pays doit nous prêter allégeance. Or il n'a rien fait de tel, bien que le Sinn Fein, héritier politique des chefs défunts, ait obtenu une nette majorité aux élections de 1919, ce qui a légitimé la révolte a posteriori. À en croire l'IRA provisoire, le compromis de 1912 et la partition qui s'ensuivit auraient trahi l'esprit des rebelles, aujourd'hui élevés au rang de martyrs. L'IRA provisoire poursuit leur lutte et se considère donc comme leur unique héritière.

Seul un très petit nombre d'Irlandais du Nord souscrivent à ce raisonnement. Même avec les griefs que l'on sait, même subissant une politique sécuritaire impitoyable qui a légalisé l'emprisonnement sans jugement et permis le Dimanche sanglant de Derry, entre autres atrocités commises par l'armée britannique, l'Ulster n'a jamais accordé plus de 12 % de ses suffrages au Sinn Fein, branche politique du mouvement républicain. Pourtant, à l'instar du christianisme fondamentaliste de Paisley, le Sinn Fein dispose d'une sorte de base stratégique spirituelle qui lui assure à l'occasion une influence très supérieure au nombre de ses militants.

En juin 1981, des manifestations éclatent à la prison de Maze à propos du statut politique des détenus de l'IRA. L'un d'eux, un terroriste avéré du nom de Bobby Sands, entame

19. IRB ou Fraternité des républicains irlandais.

une grève de la faim. Parallèlement, il se présente à une élection législative partielle dans le Tyrone du Sud, à Fermanagh, où les nationalistes disposent d'une étroite majorité. L'ensemble des catholiques votent pour Sands qui décède peu après son élection. S'ensuit une deuxième élection remportée par le Sinn Fein qui soutient la lutte armée. Le martyre de Sands a eu un tel impact sur cette population traditionnellement pacifique que le parti rival, le Social Democratic and Liberal Party (SDLP), un mouvement attaché aux valeurs démocratiques et la première force nationaliste de l'Ulster, a préféré ne pas se présenter.

Les protestants sont en état de choc. Une amie généralement modérée dont le mari est membre de l'UDR me fait part de son indignation : comment peut-on dire oui au meurtre ? Je lui réponds que ça n'est pas si simple. Les gens ont voté utile. Leur objectif principal était de barrer la route aux unionistes. De plus, il faut prendre en compte l'émotion causée par la grève de la faim. Elle m'interrompt : « Trente mille personnes ont voté pour un type qui veut descendre mon Harry ! » Je tente en vain de l'apaiser. Autant promettre à un homme pris dans un raz de marée qu'il ne sera pas mouillé. Il faudra plusieurs mois pour que mon amie renoue des relations normales avec ses collègues et amis catholiques. Le temps passant, le sang du martyr a fini par sécher : aujourd'hui, le SDLP ne craint plus de diviser les votes nationalistes et s'oppose régulièrement au Sinn Fein dans la circonscription.

Des fictions utiles

Ces vingt-cinq années de guerre ont coûté la vie à trois mille personnes. Quelles que soient ses causes historiques, religieuses ou affectives, le conflit n'a perduré qu'à l'aide d'un certain nombre de fictions. Prenons un exemple. Dans un livre intitulé *A Journey to the Soul of the IRA*, Kevin Toolis interviewe le père d'un volontaire de l'IRA tué en service commandé. À l'en croire, son fils voulait libérer l'Irlande et s'en prenait uniquement aux soldats britanniques. Puis Toolis rencontre le meurtrier du jeune homme. C'est un Ulsterman, protestant et membre à mi-temps de l'UDR. Employé à la fourrière, il travaille pour le conseil du comté de Fermanagh. Il a tué en état de légitime défense après être tombé dans un guet-apens : sa victime l'avait attiré dans une ferme sous prétexte d'attraper un chien errant afin de l'agresser. Le décrire comme un soldat anglais semble assez abusif.

Par ailleurs, le père d'un volontaire qui a lancé une bombe dans une poissonnerie de Shankhill Road, une rue notoirement loyaliste, assure que son fils se battait contre les Britanniques mais n'avait rien contre les protestants. La bombe a tué huit personnes, au nombre desquelles le terroriste. À part lui, les victimes étaient toutes protestantes - et irlandaises.

On peut comprendre ces pères endeuillés : les glorieuses légendes qui entourent la mort sont une consolation nécessaire. Leur influence toutefois ne s'arrête pas au cercle des familles éplorées. L'IRA fait à ses défunts des funérailles de héros, c'est donc qu'ils le sont, et ses chefs s'efforcent de nourrir la fiction en allant tenir les cordons du poêle. La tâche des tireurs protestants est ardue, comparée à celle de l'IRA, puisque leurs victimes ne portent pas l'uniforme et ne s'exhibent pas aux carrefours avec un gilet pare-balles. Ce détail ne les arrête pas, ils vident leur chargeur au hasard, ou presque : sur un PMU, un pub dans une rue catholique, un cortège funèbre de l'IRA, un chauffeur de taxi qui travaille pour un patron catholique, sur des individus isolés, vulnérables, malchanceux. Il y aura toujours dans leur camp des gens pour leur pardonner. Pour assurer qu'ils savent ce qu'ils font ; par conséquent, leurs victimes sont certainement coupables, contrairement à ce que prétendent leurs familles ou les politiciens nationalistes. De même, les fusillades aveugles qui fauchent d'honnêtes citoyens pendant qu'ils regardent un match de foot à la télévision sont interprétées comme des représailles contre une communauté qui soutient le terrorisme de l'IRA. Et quand un loyaliste est condamné, on dit que son seul crime fut la loyauté. Cette mentalité est si enracinée dans une certaine partie de la population protestante que des fous comme Michael Stone, filmé par la télévision alors qu'il lançait une attaque suicide contre un enterrement de l'IRA à Milltown, deviennent des héros populaires.

Certaines fictions moins ostensibles justifient la violence de façon particulièrement spécieuse. Du côté nationaliste, les victimes catholiques sont systématiquement décrites comme innocentes. C'est d'ailleurs ce qu'elles sont dans la plupart des cas. Mais cet adjectif qualifie rarement le policier, le soldat ou le membre de l'UDR assassiné par l'IRA. Cela signifie-t-il qu'ils sont coupables ou, d'une certaine façon, moins innocents que d'autres victimes ? Un catholique interviewé dans la rue après la mort d'un des siens réagira en ces termes : « On l'a tué parce qu'il était catholique », ce qui est juste puisque les loyalistes ont résolu d'ébranler l'IRA en répandant la terreur chez les nationalistes. Tactique qui a sans doute influé sur la signature du cessez-le-feu, l'IRA se rendant compte qu'elle était incapable de protéger sa communauté contre des vagues d'attentats de plus en plus atroces. « On l'a tué parce qu'il était catholique » : cette remarque innocente cache un distinguo tacite, voire inconscient. Elle laisse penser que les protestants tuent sans « bonne » raison alors que l'IRA saurait choisir ses cibles avec discernement. Ses victimes ont choisi de s'engager et connaissaient les risques. Alors de quoi se plaint-on ?

Les hommes politiques loyalistes soutiennent que les tireurs protestants ne font que réagir à la violence initiée par l'IRA. C'est vrai dans la plupart des cas, même si le premier policier assassiné le fut par un protestant. N'insinue-t-il pas que l'activisme de l'IRA rend ses crimes plus condamnables que ceux des protestants ?

Ces allégations font-elles le lit du terrorisme ? Ont-elles pour fonction d'anesthésier la répugnance publique juste assez pour que la violence puisse continuer ? On découvre trop souvent, au détour d'une condamnation de principe du terrorisme, une justification de fait de la violence. Ainsi cette phrase anodine : « Bien sûr, c'est affreux, mais ils savent ce qu'ils font », signifie que les hommes ne tuent que des terroristes puisqu'ils savent qui sont les combattants de l'IRA. S'ils assassinent une pauvre veuve sans défense, c'est donc qu'il s'agissait d'une dangereuse militante nationaliste. Et cette remarque : « De toute façon, il était à la caserne quand les Anglais ont tabassé Machin », veut dire en fait : il l'a cherché puisqu'il a participé à des actes de violence contre un suspect républicain. Que faisons-nous contre ces petites phrases, à part les désapprouver ? Rien ? Un dialogue dans une pièce ?

Le lecteur me pardonnera de m'être appesanti sur ces modes de pensée. Ces mots, ces idées, étaient la trame de notre vie quotidienne. Les passer sous silence serait omettre un aspect important de nos vingt-cinq années de guerre. Peut-être, à l'avenir, nous éveillerons-nous de ce cauchemar. Il faudra nous arranger avec lui, repenser la façon dont nous raisonnons si nous voulons vivre en paix. En espérant que le cessez-le-feu nous en laissera le temps.

Tout le monde a gagné ?

Dans une de mes pièces, *Donny Boy*, j'essaie de suggérer la façon dont la pensée fonctionne. D'une manière théâtrale, compacte, brutale et approximative : dans la réalité, le processus intellectuel que je décris se serait produit par à-coups, sur plusieurs heures, plusieurs jours, et non en continuité comme l'exigent les règles dramatiques. Je mets en scène Ma, une catholique. Un inspecteur de la RUC vient d'être assassiné. Ma réagit : « Thompson aussi avait une famille. Et maintenant sa femme est veuve, que Dieu l'aide avec ses enfants. Pauvres orphelins. Je pense à eux avec mon cœur de mère. Oh ! il n'y a que les mères qui sachent ! Ce sont les mères d'Irlande qui veillent. Même quand elles ont épousé un sombre salaud comme Thompson. »

Mumbo Jumbo, une autre de mes pièces, s'interroge sur la difficulté de régler par le compromis la question irlandaise. Un lycéen nommé Creany fait part de ses réflexions à son copain Barry : « Quel que soit l'accord que nos hommes politiques signeront avec leurs hommes politiques, leurs hommes politiques devront dire bien haut que c'est un pas vers l'unification de l'Irlande dans la paix et le respect de la démocratie, et les nôtres devront dire tout aussi haut que ledit accord est le meilleur rempart de l'Union depuis que la vallée de la Clyde a expédié ses fusils à Larne. Et comme on est tordus, on croira leurs hommes politiques, et eux qui sont tout aussi tordus croiront les nôtres, et tout le monde sera trahi par le même accord. [...] Ça ne va pas s'arranger. Pas vraiment. Jusqu'à ce qu'un des deux camps cède. Mais on ne cédera pas. Eux non plus. » Cette scène reflète notre situation actuelle. Le Sinn Fein présente le cessez-le-feu comme une victoire. Politiquement, il y est obligé. Et les chefs loyaliste soutiennent le contraire. Tout le monde aurait donc gagné ?

Une épouvantable violence marque l'année qui précède la signature du cessez-le-feu. Après l'attentat de Shankhill en octobre 1993, l'UFF attaque un bar de Grey Steel, dans le Derry, pendant une soirée de musique western organisée à l'occasion d'Halloween. Le premier tireur qui entre pointe son fusil sur une fille et lui demande : « *Trick or treat*[20] ? »

20. Phrase employée par les enfants américains déguisés en fantômes pour extorquer des sucreries à des adultes de leur quartier, sous peine de leur jouer quelque farce.

Croyant à une farce, elle lui répond qu'elle ne trouve pas ça drôle. Il tire et la tue net. Huit autres personnes meurent sous une grêle de balles. Un fusil s'enraye. Sinon, il y aurait eu plus de victimes.

Le danger omniprésent n'est pas ma seule raison de désespérer. On dirait que j'ai pris une autre voie que mes coreligionnaires. Ils affirment de plus en plus violemment leur nationalité britannique. Je ne la rejette pas, je ne renie rien, mais je me suis familiarisé avec ma part irlandaise et j'éprouve pour elle une sympathie croissante. C'est le printemps. En route pour mon cours d'irlandais, je m'arrête à Comber pour acheter le journal. De nouveaux graffiti sont apparus sur le mur du parking : « Les Brits dehors ! »

Reviens James Chichester Clark ! « Tu devrais vivre à cette heure car l'Ulster a besoin de toi ! » Et surtout de ton incertaine identité. Nous sommes devenus dangereusement sûrs de nous. Nous voulons voir les choses sous une lumière implacable. Nous ignorons les ombres, les paradoxes, les difficultés, et nous y perdons notre humanité.

Obstinément, nous insistons pour nous couper en deux et pour nous débarrasser de notre moitié la plus intéressante, celle qui est la plus compliquée. « Si l'histoire crée des situations complexes, n'essayons pas de les simplifier », conseille Salman Rushdie. Ne devrions-nous pas l'écouter ?

Le pays de l'île de Reagh

La complexité, assurément, n'est pas une denrée rare en Ulster. On l'y trouvera sans difficulté, à condition d'apprendre à regarder, à écouter et à prêter attention aux détails. Il suffit de se promener autour de ma ferme de l'île de Reagh, dans le comté de Down, pour se faire une idée des richesses nombreuses et variées qui s'offrent au voyageur motivé.

Commençons par ce tracteur. C'est un petit Ferguson

TE 20 de couleur grise fabriqué dans les années 50 à Coventry par la Standard Motor Company. Tandis que j'écris ces lignes, George McAleer et mon fils Robert le bichonnent dans la cour. George est président de l'association des Amis de Ferguson. En cette qualité, il a organisé dans le comté de Louth un rallye de tracteurs qui réunira plus de trois cents machines. L'initiative suscite l'enthousiasme, des propriétaires de tracteurs Ferguson vont venir de toute l'Irlande. Quand au TE 20, il appartient à Tom, le père de George, mais c'est Robert qui le conduira au rallye. Tom, qui a travaillé à la ferme pendant de longues années, se rappelle très bien les foires à l'embauche du comté de Tyrone, quand il était adolescent. Il leur a même consacré plusieurs poèmes. Rien de plus naturel pour un paysan...

Les McAleer collectionnent et restaurent les tracteurs Ferguson avec une passion qui rend hommage à leur inventeur. Le génial Harry Ferguson (1884-1960) a révolutionné l'agriculture. À ce titre, il mériterait d'être mieux connu dans son pays natal. De son temps, les tracteurs étaient de grosses machines incommodes, dangereuses, tout juste bonnes à traîner des outils agricoles. De plus, ils coûtaient cher. Et puis, en 1917, dans son garage de Belfast, Ferguson eut l'idée de leur ajouter une charrue. D'autres innovations devaient suivre, donnant naissance au tracteur moderne dont Ferguson conçut les accessoires en s'inspirant des outils traditionnels. Son « petit Fergy gris » a supprimé un travail éreintant et séculaire et libéré le fermier irlandais de « l'antique regard qui le courbait vers le sol[21] ».

Ferguson est un parfait représentant du génie technicien si vivace dans ce coin d'Irlande. Il incarne une mentalité, une intelligence, une façon plus scientifique que littéraire de concevoir l'éducation, surgeons de l'individualisme têtu qui a transformé Belfast et la vallée de Lagan en centres industriels

21. D'après un poème de R.S. Thomas.

et les a arrimées au Lancashire et à la vallée de la Clyde, deux régions avec lesquelles Ferguson se sentait plus d'affinités qu'avec Dublin. Orangiste convaincu, il ne manquait jamais les marches qui partaient de sa ville natale de Dromore, dans le comté de Down, et on raconte que les loyalistes auraient utilisé ses camions lors de la célèbre distribution des fusils de Larne, en 1914[22]. Il était également doué pour les affaires et avait investi des millions en Amérique.

Laissons la cour et tournons-nous vers le sud-ouest. À l'horizon se découpe l'île de Mahee, surplombée par les ruines d'une tour ronde de style celtique. C'est un vestige de l'abbaye de Nendrum, fondée à la fin du Ve siècle, et mon but de promenade favori quand je dois distraire des visiteurs anglais ou étrangers. L'abbaye et ses voisines de Movilla et de Bangor étaient des centres spirituels florissants. Dans ces jours-là, c'étaient nous qui envoyions des missionnaires prêcher la paix aux autres peuples d'Europe.

Au-delà de l'île, sur la côte, se dresse le clocher quadrangulaire de mon église paroissiale. L'Église protestante d'Irlande s'enorgueillit de ses racines celtes. Son nouveau livre de prières s'ouvre sur ces mots : « L'Église d'Irlande a reçu en héritage une longue tradition liturgique issue de l'ère celtique », et son hymnaire comprend une section intitulée « Hymnes d'après de vieilles sources irlandaises ».

Devant moi s'étend le lac de Strangford. Son nom remonte aux Vikings. Ces derniers dominaient la région au IXe siècle et seraient responsables du sac de l'abbaye. J'aperçois au loin de petits bateaux et des hommes qui travaillent aux bancs d'huîtres. Les ostréiculteurs ont remis en usage le nom irlandais du lac, *cuan lough*[23], qu'ils ont repris dans leur logo.

Le village d'Ardmillan se cache derrière des *drumlins*,

22. En avril 1914, un important chargement d'armes venues d'Allemagne fut largué sur Larne, dans le comté d'Antrim, pour armer les volontaires opposés à l'autonomie irlandaise, selon eux imposée à l'Ulster.
23. *Cuan* ou « port » en irlandais.

petites collines arrondies caractéristiques du comté de Down. Les orangistes y ont une salle où l'on pratique une danse locale, le *Lancers*. Dans les deux pubs voisins, les musiciens jouent de la musique irlandaise et de la *blue grass music* d'Amérique. Le joueur de flûte Leslie Bingham habite dans les environs. Van Morrison a souvent puisé son inspiration dans les paysages de la région.

Ardmillan est surplombé par l'église de Killinchy. En 1798, les presbytériens de Killinchy se révoltèrent contre les Anglais. En représailles, les soldats du général Nugent[24] incendièrent le village. Les temps ont bien changé. Aujourd'hui le député unioniste de la circonscription est systématiquement réélu avec le meilleur résultat de toute la Chambre des Communes.

De l'autre côté, au nord-ouest, j'aperçois la piste partiellement submergée par le lac qui relie l'île au continent, ainsi que la route tortueuse qui mène à Comber. Chez les voisins, on est en train de ramasser les pommes de terre. Celles de Comber. On les met dans des sacs marqués « pommes de terre d'Irlande ». Deux fois par semaine, le fermier part en camion au marché de Dublin. On a fermé la distillerie de Comber qui produisait du whisky irlandais. En revanche, la fabrique locale continue de faire de la toile de lin. La statue de l'héroïque Rollo Gillespie a été érigée sur la place. Les derniers mots de ce grand soldat furent : « Encore un coup en l'honneur du Down. » Une liste de batailles gravées sur le socle rappelle que nous autres Irlandais avons pris part à l'expansion de l'Empire britannique aux XVIIIe et XIXe siècles.

Mon amour de la langue irlandaise m'entraîne plus loin dans le comté. Rathdeamain, à dix miles à l'est de Killinchy, est la ville natale de William Neilson, pasteur presbytérien et érudit passionné de lettres classiques et de gaélique. Seamus O'Saothrai a écrit sa biographie, *Au Minister Gaelach William*

---

24. Cette année-là eut lieu la rébellion des Irlandais Unis des comtés de Down, d'Antrim, de Wexford, etc., sauvagement réprimée par les armées royales.

Mac Neill (1771-1821), que je lis en progressant péniblement à l'aide de mon *focloir poca* (dictionnaire de poche). Neilson était professeur. Ses élèves raflaient les premières places dans leurs universités respectives : à Glasgow pour les presbytériens, Dublin pour les fidèles de l'Église d'Irlande et les anglicans et Maynooth pour les catholiques romains, ce qui le remplissait d'une irrépressible fierté. Il écrivit une grammaire irlandaise et un dictionnaire de l'irlandais du comté de Down ; il prêchait en irlandais aux congrégations des comtés de Down et de Louth.

Bien que le *Gaelteacht*[25] du comté de Down ne soit plus qu'un souvenir, nos villages et nos lieux-dits portent presque tous des noms d'origine irlandaise. De même, l'anglais parlé à la campagne a été fortement influencé par le vocabulaire et la grammaire irlandais. Ainsi, par exemple, demandez à un homme s'il va au pub *(Are you going to the pub ?)* : les mots « oui » ou « non » n'existant pas en irlandais, il répondra en utilisant le verbe que vous venez d'employer, dans ce cas « j'y vais » ou « je n'y vais pas ».

Il m'a fallu du temps pour explorer et apprécier les subtilités de mon pays natal, avec son peuplement complexe, ses nombreux paradoxes historiques et politiques et son riche passé culturel. C'est un voyage passionnant toujours nouveau et stimulant. À l'avenir, d'autres peut-être se lanceront dans l'aventure. À condition que la paix dure...

La guerre qui ne s'est pas faite

Déjà un an que nous sommes en paix et malgré les rumeurs, les menaces, les manifestations, les passages à tabac et les tensions créées par les marches de juillet, mes compatriotes et moi éprouverions une énorme déception si le conflit reprenait. Je me refuse à y croire, même si les politiques ont

25. Toute région dont la première langue est le gaélique.

du mal à faire aboutir leurs négociations. Les raisons du cessez-le-feu sont difficiles à cerner. On entend tant de grands mots, de propagande, de déclarations politiques qui campent sur des positions sclérosées qu'il vaut mieux attendre la suite des événements. Les politiques vont nous concocter un traité, et les historiens nous expliqueront sa genèse en temps et en heure. Cela dit, une drôle de question me trotte dans la tête. Aussi dure qu'ait été l'épreuve, nous en avons fini avec les troubles, du moins l'espérons-nous. Mais comment se fait-il que le conflit n'ait pas dégénéré alors qu'à une époque tout semblait nous mener à la guerre civile ?

Nous sommes en 1987. Je rentre chez moi après avoir accompagné mon père aux commémorations du 11 novembre dans sa bonne ville de Market Hill. Officier supérieur dans la section locale de la Légion britannique, il passe les troupes en revue tous les ans. Pour la première fois, pendant que je lui épingle ses médailles, je lui trouve l'air fragile et égaré. Il semble ne pas comprendre ce qui se passe, si bien que je demande aux responsables la permission de rester à ses côtés, au cas où il trébucherait ou aurait une absence.

Mon père est très fier de ses états de service. Pendant des années, il nous a rebattu les oreilles de sa guerre. Il ne le fait plus et je trouve ça très triste. Tout en roulant sur l'autoroute, je me demande si c'est son dernier défilé. Pour chasser mes idées noires, j'allume la radio. Une bombe de l'IRA a explosé pendant une commémoration à Enniskillen, tuant onze personnes et en blessant soixante-trois. Tout d'un coup, je me retrouve tapant des deux mains sur le volant et criant : « Salauds, salauds, salauds ! »

Plus tard, j'entends un survivant interviewé à la radio. Gordon Wilson, coincé sous les gravats, a tenu la main de sa fille pendant qu'elle mourait. Il pardonne aux terroristes qui l'ont tuée. Il n'en veut à personne. Il va prier pour eux. Je suis pétrifié. Au début, ses paroles me paraissent étranges, anormales pour un père qui a perdu son enfant dans ces circonstances. Je m'interroge avec ma femme : est-il temporairement dérangé par le chagrin ou est-ce un deuxième Christ ? « Père, pardonne-leur car ils ne savent pas ce qu'ils font » ; « Aimez vos ennemis, bénissez ceux qui vous maudissent », « Heureux les doux car ils hériteront de la terre. » La charité chrétienne serait-elle plus proche de la folie que nous ne le croyons ? En tout cas, par son attitude, Wilson a fermé la porte aux représailles.

D'autres, beaucoup d'autres, réagissent à la tragédie avec une fortitude et une générosité remarquables. C'est le cas de Jane Ewart Biggs, épouse de l'ambassadeur britannique assassiné, ou du père du garçon tué par la bombe de Warrington. Quant aux membres du clergé, catholiques comme protestants, ils continuent dans leur immense majorité à appeler un meurtre un meurtre et à marteler à leurs ouailles la parole de Dieu. Comme ils doivent leur sembler gratuits, ces mots trop souvent répétés ! Pourtant, l'absence de condamnation serait infiniment plus dangereuse. La situation empirant, les ecclésiastiques sont devenus de plus en plus courageux. Ils auraient pu se contenter de déplorer ces luttes fratricides. Au lieu de cela, ils ont assisté aux funérailles de victimes du camp adverse, exprimant ainsi leur rejet de la violence qui émane des leurs. Certains hommes politiques modérés, unionistes ou nationalistes, brisent également le cercle tribal, non sans risques d'ailleurs. Parfois, ces condoléances sont refusées avec colère. Mais ils ont fait le geste.

On essaie de conclure la paix malgré le sang versé et le ressentiment. Les plus célébrées de nos colombes sont John Hume et Gerry Adams qui doucement, tortueusement, explorent pour l'IRA les possibilités d'un cessez-le-feu, d'une paix conclue sans que des gens aient à mourir pour elle. Il y a aussi le révérend Roy Magee, un prêtre presbytérien qui patiemment, inlassablement, met les tireurs protestants face aux conséquences de leurs actes, sans compter de nombreux autres dont on ne connaît pas l'histoire.

Il est presque courant, aujourd'hui, que les veuves des victimes appellent au pardon. Elles ne veulent pas qu'une autre famille connaisse la même douleur. Et bien que la violence continue, elles démontrent que partout en Ulster fleurit une vraie charité qui n'était pas évidente jusqu'ici. Malgré les meurtres, les destructions, l'amertume, les peurs, les incompréhensions et les discours provocateurs de certains hommes politiques, la société refuse obstinément de sombrer dans la guerre civile. Ces voix raisonnables et ces innombrables gestes de bon voisinage entre les deux communautés trahissent peut-être une ambition plus vaste, celle qui consiste à refuser le règne de la terreur. Y aurait-il une mystérieuse équation qui régirait certaines sociétés, qui autoriserait chaque communauté à encourager la violence de son noyau dur à condition que celle-ci n'atteigne jamais le point où l'on basculerait dans la guerre civile, et grâce à laquelle les hommes en armes sauraient instinctivement jusqu'où aller et quand faire une trêve ?

Dans le *Roi Lear* de Shakespeare, terrible vision de chaos et d'anarchie, un humble valet meurt parce qu'il s'oppose à son maître criminel et un vieillard obscur risque sa vie pour venir en aide au duc de Gloucester. Ces deux personnages rachètent leurs semblables dans un monde où, semble-t-il, « l'humanité par force doit se nourrir d'elle-même comme les monstres issus des profondeurs ». Bien sûr, si l'Irlande du Nord avait sombré dans le chaos, un millier de valets flanqués de cinq cents vieillards n'auraient pas pu arrêter sa chute ni la racheter. Un Gordon Wilson n'aurait jamais été écouté en Bosnie ou au Rwanda. Les voix de la compassion, de la raison, du pardon, ont besoin d'espace, de temps et d'une sécurité relative pour se faire entendre.

Si « l'anarchie n'a pas été lâchée » sur l'Ulster, si « les rites de l'innocence n'ont pas fait naufrage[26] », c'est aussi parce que l'Irlande du Sud et le Royaume-Uni ont tenu bon. Les gouvernements de Londres et de Dublin se sont parfois trompés, parfois mal compris, ils ont cherché de mesquins avantages politiques, mais leurs erreurs ont été moins nombreuses que leurs actes de courage. Bon an mal an, avec ténacité, des gouvernements successifs se sont rapprochés et ont appris à s'écouter.

Ce qui me frappe, ce ne sont pas les divisions partisanes au sein des parlements britannique et irlandais, mais le soin avec lequel un consensus a été maintenu entre des partis rivaux. Le temps passant, Dublin et Londres, chacun à sa façon, ont défini les limites au-delà desquelles leurs clients respectifs ne pourront pas les pousser. La violence a obligé Londres à gouverner pour la minorité de l'Ulster comme pour sa majorité. Dublin a commencé par soutenir inconditionnellement, parfois même belliqueusement, les nationalistes du Nord. Puis ses hommes politiques sont devenus de plus en plus attentifs aux peurs et aux aspirations des unionistes. Enfin, les deux pays, au premier chef les contribuables et les soldats britanniques, ont fait des sacrifices et servi de cible aux terroristes. On peut avancer, bien sûr, qu'ils avaient trop de points communs et d'intérêts en jeu pour agir autrement : pas question d'avoir une Bosnie ou un Liban en Irlande. Mais ils ont du moins été assez sages pour discerner ce qu'il leur fallait. Tous les gouvernements n'en sont pas capables.

La paix de la complexité

Voyons l'avenir, à présent. Quel futur ? Quelles peurs et quels espoirs ?

Commençons par les peurs. Le plus facile à expliquer. Ma crainte majeure est qu'au moment où vous lirez ces lignes le

26. D'après un poème de Yeats.

cessez-le-feu aura été violé par accident ou par calcul politique. Je crains qu'il y ait au sein de l'IRA un ou plusieurs groupes qu'aucun traité de paix ne pourrait satisfaire. Un leader à venir qui mettrait en scène un attentat dans l'espoir qu'il soit imputé aux Britanniques. Un accident, une malchance pourrait provoquer la catastrophe. Une manifestation qui dégénère, la police qui tire à blanc et tue une personne. J'imagine l'enterrement. Un millier de gens en colère suivent le convoi, les traits tirés. Ceux qui pleurent sincèrement le défunt et ceux qui le pleurent par stratégie. Ils réclament que l'on fasse justice, que l'on ouvre une enquête. J'entends d'ici les discours, les cris des manifestants, les menaces qui précèdent les représailles.

Je crains aussi que les unionistes n'aient pas assez de courage et d'imagination pour faire aux nationalistes les concessions nécessaires. Leur peur séculaire de la trahison et du compromis va-t-elle les rendre aveugles aux avantages d'une coopération pour ne leur en présenter que les dangers ? La paix va-t-elle se fracasser contre le roc de leur obstination ? Je pourrais écrire d'avance les mots qu'ils risquent de prononcer et je sais déjà dans quelles bouches je les mettrais.

Je crains enfin que nous ne rations la paix. Notre tâche, ô combien difficile, consiste à transcender les failles d'un État nation jusqu'ici trop déséquilibré pour fonctionner harmonieusement. La minorité d'Irlande du Nord était très nombreuse et donc très ambitieuse ; sa majorité très restreinte et donc très menacée. L'une refusait de se soumettre, et l'autre était trop terrorisée pour se montrer généreuse. Mais nous ne devons pas faire payer ces rigidités structurelles à notre société divisée. Ni avoir deux drapeaux sur chaque hampe ; deux juges sur chaque banc ; deux polices patrouillant des rues différentes ; deux hymnes nationaux aux remises de diplômes ; deux langues pour chaque document administratif ; deux panneaux de signalisation à chaque carrefour ; deux créations d'emploi dans chaque société en expansion et deux licenciements dans celles qui déposent leur bilan. Personne ne serait heureux dans un monde d'une logique aussi froide. Un monde provisoire, artificiel. Une société intérimaire, peuplée de nationalistes frustrés toujours en lutte et d'unionistes assiégés craignant le pire, qui se contenterait d'institutionnaliser nos comportements actuels. En dernier ressort, nos arbitres seraient les extrémistes et les groupes paramilitaires qui se surveillent l'un l'autre d'un œil jaloux. La politique demeurerait un échange de doléances et de protestations outragées. Et les politiciens continueraient de décourager la fraternisation parce que celle-ci aurait de faux airs de trahison. Cette société ne reconnaîtrait pas les complexités et la diversité de nos liens mais chercherait à nous enfermer pour toujours dans un camp ou dans un autre.

Cette situation ne conviendrait qu'aux hommes politiques qui roulent pour une seule communauté et qui sont trop paresseux ou terrorisés pour changer. Comme ces nationalistes qui insistent sur l'authenticité, la cohésion, la nature unique de la culture irlandaise. Ou ces unionistes qui cultivent jalousement leur identité britannique. Certains vont jusqu'à essayer de nous concocter une langue « unioniste » basée sur le Lallans d'Ulster, le dialecte pratiqué par les poètes tisserands des comtés d'Antrim et de Down au siècle dernier[27]. Fait significatif, Field Day, une association culturelle nationaliste, a oublié d'inclure ces mêmes poètes dans son anthologie de la littérature irlandaise. Cette quête de l'authenticité, ce séparatisme culturel, sont inspirés par des considérations politiques. La tentation est grande, pour ceux qui s'y livrent, de ne retenir des faits que ceux qui soutiennent leur thèse.

Écoutons donc Salman Rushdie qui parle avec éloquence du « spectre de l'authenticité » :

« Un des aspects les plus absurdes de la quête de l'authenticité nationale, écrit-il, est que l'idée qu'on puisse s'inspirer

27. Tels que James Orr, voir ci-dessus.

d'une tradition sans mélanges ni influences s'avère en fait totalement fallacieuse. Les seuls qui y croient sérieusement sont les extrémistes religieux. » Et, ajouterai-je, les intégristes politiques.

Certes, notre pays est moins divers que le sous-continent indien. Il est pourtant le produit d'influences réciproques entre les Irlandais, les Anglais et les Écossais gaéliques ou issus des Lowlands qui ont importé leurs langues, leurs dialectes, leurs coutumes, leurs religions, leurs musiques, leurs littératures, leurs danses, leurs mœurs politiques, leurs industries et leurs méthodes agricoles. Qui ont transformé leurs voisins comme eux-mêmes ont été transformés. Les accidents de l'Histoire - la colonisation, la guerre, les luttes intestines, la famine, les révolutions agricole et industrielle - ont produit un métissage trop subtil pour que des politiques tranchent dans le tas et parlent tranquillement des peuples anglais et irlandais comme si nous sortions du ventre de nos mères en agitant des Union Jacks ou des drapeaux tricolores miniatures. Non, le problème n'est pas d'adopter deux drapeaux conjoints mais de conjurer deux risques. La Déclaration de Downing Street et les documents-cadres posent les jalons pour une solution dont le maître mot est consentement. Aucun changement constitutionnel susceptible de remettre en question l'appartenance de l'Ulster au Royaume-Uni n'aura lieu sans l'accord de la majorité des Irlandais du Nord. Le pouvoir sera partagé entre unionistes et nationalistes. Le Nord et le Sud coopéreront sur les plans politiques, culturels et économiques. Cette coopération sera institutionnalisée mais son organisation reste à définir. Le Sud renoncera à ses revendications territoriales sur le Nord et changera sa constitution à cet effet. Un référendum décidera des termes finaux de l'accord.

Le risque à long terme, pour les idéologues nationalistes, est que les catholiques trouvent en Ulster des possibilités d'intégration et de réussite économique si gratifiantes qu'ils oublieront ou abandonneront l'aspiration à une Irlande une et indépendante pour rester membres du super-État britannique. Le risque, pour les idéologues unionistes, est que les deux Irlandes convergent l'une vers l'autre de façon si pacifique que les protestants se demanderont pourquoi diable ils ont refusé l'unification de l'île. Il est possible qu'une paix longue et fructueuse, qu'une collaboration croissante sur les plans économique et culturel rendent inutile, voire absurde, une révision constitutionnelle. Mais il se peut aussi que cette révision s'impose tout naturellement parce qu'elle aura semblé facile. La Grande-Bretagne et la république d'Irlande doivent agir de concert, résister aux pressions et à la tentation des engagements partisans, en refusant par exemple la création de fronts pan-unioniste ou pan-nationaliste. Il faut que les deux pouvoirs souverains aspirent au bien commun et, ce qui est peut-être plus difficile, que leurs oppositions renoncent à exploiter la situation pendant que s'élaborent d'indispensables compromis.

Il nous faut exorciser le spectre de l'État nation, son obsession du territoire, ses appels à l'authenticité nationale, les pressions qu'il exerce sur nous pour nous rendre conformes au modèle officiel et obtenir notre allégeance. Alors notre paix sera le triomphe du régionalisme, du bon voisinage, de la complexité, de l'union des différences.

On dit souvent que l'Irlande du Nord est à la croisée des chemins. Comme si nous étions condamnés à l'incertitude, hésitant entre plusieurs routes, et que le choix de notre destin exigeait de nous des décisions irrévocables, lourdes de terribles conséquences. Mais rappelons-nous que les carrefours sont autant des points de rencontre que des points de départ. Dans ce sens, mon pays natal est le théâtre d'une expérience humaine extraordinairement riche et diverse. Notre héritage commun est aussi varié que nos cieux et que le patchwork formé par nos champs. Ce patrimoine, je veux le garder tout entier. Je refuse de me laisser consigner à l'intérieur de l'une ou l'autre des deux communautés comme le voudraient certains hommes politiques. Et je ne prendrai aucune des routes qu'ils ont fléchées à mon intention. Je vais rester ici. Tout ce qui passe et repasse sur ces chemins, je veux qu'il passe par moi.

Texte traduit par Catherine Ianco et Corinne Hewlett

Robin Glendinning

3. *Paris-Irlande : aller-retour*

L'avenir à reculons

Maurice Goldring

Le voyage d'un été, un an après le commencement du processus de paix. Qu'est-ce qui a changé dans la société irlandaise, et qu'est-ce qui persiste ? La tradition est-elle en train de se suicider ? La société archaïque que nous aimons tant s'est-elle fourvoyée dans une modernité à tout crin ? Dans ce jeu entre passé et avenir, qui y perd et qui y gagne ? Et si le seul à se sentir à l'aise dans l'Irlande « authentique », c'était le touriste français ? Les réflexions d'un outsider *sur une société qui refuse de devenir un simple « objet » de curiosité.*

Quand je m'ennuie trop en France, je me réfugie en Irlande qui est l'un des endroits en Europe où les discussions posent encore des questions importantes. Qui sommes-nous ? Qu'est-ce qu'un Irlandais ? Dieu existe-t-il ? Faut-il réécrire l'Histoire ? Pour le pire, mais parfois pour le meilleur, les conflits portent sur des conceptions différentes de la société, sur des manières de gouverner, opposent tradition et modernité. On m'objectera sans doute que l'herbe est toujours plus verte dans le champ du voisin, mais justement, ce n'était pas le cas cette année 1995. Exceptionnellement, le soleil avait brûlé les champs.

L'Irlande géographique a été le terrain d'un conflit entre deux mouvements à caractère identitaire, catholique et protestant, qui à un moment ou à un autre ont évolué vers un nationalisme revendiquant un État qui représenterait leurs valeurs et leurs intérêts. La partition de 1920 n'a été qu'un épisode d'un affrontement qui remonte à la conquête des XVIe et XVIIe siècles. Les protestants installés sur le territoire irlandais disposaient d'une administration locale protégée par l'État britannique. Les protestants estimaient que les catholiques ne pouvaient pas être intégrés dans un État protestant. Pendant tout le XIXe siècle, dans les débats sur l'émancipation catholique (l'accès au droit de vote et à la représentation politique), le conflit se résumait par la formule : « C'est eux ou nous. » Il n'y avait pas place pour le partage du pouvoir. Accorder le pouvoir à un camp c'était en dépouiller l'autre.

Le nationalisme catholique n'était pas indépendantiste jusqu'au début du XXe siècle. Il souhaitait l'égalité des droits à l'intérieur de l'ensemble britannique. Le refus obstiné d'accorder la citoyenneté aux catholiques a radicalisé leur mouvement pour l'autonomie en mouvement indépendantiste, puisqu'il apparaissait que la seule manière d'être citoyens à part entière était de s'assurer un centre politique contrôlé par la majorité catholique. La minorité protestante n'accepta pas d'être minorité politique et modifia le résultat des élections en modifiant les frontières. Ils n'étaient pas assez fort pour empêcher l'accès à l'indépendance du nouvel État libre. Ils l'étaient assez pour conserver, là où ils étaient majoritaires, un territoire protestant. Ce n'est pas là un jugement moral, mais une simple constatation politique. Là où ne peut pas émerger un État reconnaissable et acceptable par les différentes composantes de la société, les minorités qui ont le sentiment, réel ou fantasmé, que leurs droits considérés comme essentiels ne seront pas reconnus, tendent à se constituer une autorité suprême qui leur appartienne. Nous avons sous les yeux l'application de ce principe en Europe centrale et de l'Est dans les cinq dernières années.

Depuis 1920, depuis la formation de l'État libre d'Irlande et de l'Irlande du Nord, les deux nationalismes ont chacun obtenu un État : l'État catholique au Sud, l'État protestant au Nord. L'adjectif est important. Il est clairement revendiqué par au moins une partie du personnel dirigeant, donc « légitimé » par le haut. Les deux États, issus de conflits ethniques et religieux, vont désormais jouer un rôle central dans le maintien des idéologies identitaires.

Dans la partie qui est aujourd'hui la république, le nouvel État de 1921 se présentait comme l'émanation de l'authentique nation irlandaise. Les élites nationalistes se représentaient cette nation comme une communauté de petits propriétaires, attachés à la famille, aux vertus morales, à une économie rurale et au catholicisme[1]. L'État est devenu l'agent central du développement économique : premier consommateur, il contrôlait la moitié du produit national brut. Il était très présent dans le domaine social et éducatif, en alliance étroite avec l'Église catholique, et régentait la vie culturelle, les grands moyens d'information et la littérature, par la censure. Cet État a évolué vers un État corporatiste où le développement économique se négociait collectivement au sein du National Industrial and Economic Council avec les syndicats de fermiers, de patrons et d'ouvriers. En Irlande du Nord, le gouvernement de William Craig combinait un mélange de sectarisme anti-catholique et de relations privilégiées avec le peuple protestant, ainsi qu'un haut niveau de dépenses publiques qui peut se caractériser comme « populiste[2] ».

Dans les deux cas, l'État a joué un rôle central dans la définition de l'identité nationale. Mais la situation n'était pas la même et les différences doivent être notées. En Irlande, la nation telle qu'elle est imaginée, selon les termes de Benedict Anderson, dépasse les frontières de la république. Elle comprend notamment les catholiques d'Irlande du Nord (et en droit, sinon en fait, les protestants). Elle comprend aussi la diaspora irlandaise, notamment aux États-Unis, où l'éloignement de fait a été compensé par un attachement aux

1. Michel Peillon, « State and Society in the Republic of Ireland », in Patrick Clancy, Mary Kelly, Jerzy Wiatr et Ryszard Koltanicki, *Ireland and Poland. Comparative Perspectives*, Department of Sociology, University College, Dublin, 1992.

2. Paul Bew, Peter Gibbon, Henry Patterson, *Northern Ireland, 1921-1994*, Londres, Serif, 1995.

traditions rêvées. Plus les Irlando-Américains étaient américains, plus ils demandaient à leur famille au pays de parler gaélique, de conserver les feux de tourbe dans les chaumières, les chansons populaires dans les pubs et la poudre sèche pour les vieux combats. En Irlande du Nord, les protestants sont britanniques, mais ne sont pas simplement des citoyens britanniques. Ils sont la partie des Irlandais qui a choisi de rester britannique au moment des luttes pour l'indépendance[3]. Dans la république, l'intelligentsia a joué un rôle de premier plan dans l'élaboration du nationalisme culturel, alors qu'il n'y a pas eu d'équivalent dans la communauté protestante du Nord[4]. L'intelligentsia a aussi joué un rôle majeur dans la modernisation idéologique de la république, que l'on appelle là-bas « révisionnisme ». Il n'y a pas d'équivalent de cette intelligentsia en Irlande du Nord où les liens sociaux étaient assurés par les propriétaires terriens et les industriels, rassemblement symbolisé par l'ordre d'Orange[5]. La communauté protestante ne manquait pas d'intellectuels, d'écrivains, de poètes. Mais ils ne se sont pas constitués en groupe d'influence aspirant au pouvoir et n'ont jamais souhaité contribuer à une quelconque culture loyaliste.

Le conflit majeur dans l'histoire de l'Irlande a été le conflit entre deux groupes nationalement définis, dont les intérêts à la fois matériels, économiques, moraux, étaient parfaitement contradictoires. Ce conflit s'est traduit au Sud par la défaite de l'Anglo-Irish Ascendency, l'« establishment » protestant, les propriétaires terriens, qui étaient très minoritaires, et souvent privilégiés, culturellement et économiquement. Ce conflit s'est résolu pacifiquement avec l'aide des finances britanniques qui ont dédommagé les propriétaires terriens et

3. Liam O'Dowd, « State Legitimacy and Nationalism in Ireland », in *Ireland and Poland, op. cit.*, chapitre III.
4. Maurice Goldring, *Pleasant the Scholar's Life*, Londres, Serif, 1993 et *Gens de Belfast*, chapitre III.
5. Liam O'Dowd.

prêté de l'argent aux fermiers irlandais pour racheter leurs terres. Le conflit s'est alors transporté au Nord, où la présence d'une forte population protestante, très différente de l'Anglo-Irish Ascendency, en majorité ouvrière et populaire, rendait la solution du Sud impossible.

Le conflit armé en Irlande du Nord s'est mené en rupture croissante avec les évolutions profondes des sociétés irlandaises. La lutte armée des années 20 pouvait apparaître comme le point d'orgue des luttes du peuple irlandais du XIXe siècle. Cinquante ans plus tard, le bruit des armes grince comme un violon mal accordé. Rappelons quelques orientations des dernières décennies. Premièrement, les tendances à la « modernisation » des sociétés irlandaises, république et Irlande du Nord. Modernisation signifie éloignement des évolutions sociales des valeurs fondatrices. Dans la république, l'Irlande celte, catholique, rurale, cède la place à une Irlande anglo-saxonne, laïcisée et urbanisée. Non plus marquée par la petite propriété paysanne et artisanale, mais par l'inscription dans le marché européen et mondial. Les combattants républicains du Nord se référaient à l'histoire traditionnelle du pays, aux héros et martyrs du passé pour justifier leur combat. Cet appel pouvait trouver un écho puissant dans les premières années de la fondation de l'État libre, dans cette fusion étroite entre la mythologie nationale et l'État en construction. Aujourd'hui, la rupture est à peu près accomplie. La célébration du soulèvement de Pâques 1916 est devenue quasi confidentielle, les Irlandais ne parlent plus le gaélique, ils prennent la pilule et achètent des préservatifs. Sinn Fein ne recueille qu'environ deux pour cent des voix aux élections. La république ne peut plus servir de base à la fois politique et stratégique à une guérilla qui est lambeau de l'histoire. La discussion sur « l'identité nationale » irlandaise ne cesse pas : révision de son histoire, jugement sur ses révoltes, critique de la recherche de pureté ethnique.

En Irlande du Nord, même évolution : éloignement de la

société des valeurs fondatrices, historiques et religieuses, effondrement des bases économiques et territoriales des appartenances communautaires, généralisation de l'éducation secondaire et supérieure. La frange éclairée, intellectuelle, légitimatrice d'une culture populaire se détache nettement des extrémismes nationaux.

Cet arrachement a commencé dans les années 60, a sans doute été retardé par les « troubles » en Irlande du Nord, mais il n'a pas cessé. Depuis le big bang des années 20, le cosmos irlandais ne cesse de s'éloigner du mythe qui l'a fondé à la vitesse de la lumière. Mais ce mouvement rapide se réalise souvent à reculons, les yeux fixés vers l'arrière. Il provoque des résistances, des conflits violents, y compris militaires, lorsque s'affrontent les impatiences radicales et les obstinations crispées.

Depuis trente ans, j'observe ce mouvement, ses contradictions, ses ambiguïtés. Je suis devenu un « spécialiste » de la culture irlandaise. Si un étranger avait la prétention de se présenter comme spécialiste de la culture française, nous trouverions qu'il a un drôle de culot. Comment peut-on être spécialiste de la culture française ? De toute son immense et diverse culture ? De sa géographie, de son histoire, de son économie, de sa littérature, de sa société, de son passé, de son présent et de son avenir ? Autant être spécialiste du monde ! La France, n'est-ce pas, est un grand pays développé, ce n'est pas une communauté, ce n'est pas « une » culture, elle est diverse, elle est multiple. Il peut y avoir des historiens de la Révolution française, des chercheurs sur l'immigration dans les années 30, sur le théâtre classique, mais certainement pas sur « la France ». Une telle prétention ferait sourire du haut de notre civilisation éternelle et multiple. Mais l'Irlande est petite, cinq millions d'habitants, elle se parcourt en quelques heures d'est en ouest, du nord au sud, elle s'enferme ou est enfermée dans une histoire transparente, elle a une musique, une littérature, des luttes nationales, une bière, une chanson, une couleur, celle des gazons gorgés d'eau. L'Irlande, nous avons le droit de la traiter comme on traite de jeunes enfants : les adultes la connaissent mieux qu'elle ne se connaît, et savent mieux ce qui est bon et mauvais pour elle.

Alors que la question de l'appartenance ne se pose pas pour une grande puissance capable de faire exploser une bombe atomique sous la mer de l'autre côté du globe, elle est centrale en Irlande, Nord et Sud, république et « province ». En France, nous sommes cinquante-cinq millions d'*individus*, hommes et femmes, clairement distincts les uns des autres. En Irlande, les regards extérieurs distinguent des communautés, une, parfois plusieurs dans le meilleur des cas, et refusent de voir en Irlande la modernité des parcours individuels. Le pays change et nous ne voulons pas voir les changements qui nous dérangent. La modernité où le droit des individus dépasse les droits communautaires semble avoir contourné l'île verte. Là-bas, les passions sont encore collectives. Notre âme est ravie. C'est difficile de vivre sans la chaleur du collectif. La crise des idéologies, des explications globales, le recul des religions, l'effondrement des explications du monde qui faisaient marcher d'un seul pas des millions d'hommes et de femmes, nous laissent seuls devant les croisées de chemins multiples, où chacun doit décider la route à prendre, le rythme de la marche, et reconstruire ainsi un sens perdu. En quelques coups d'aviron, nous découvrons une société qui a conservé le sens du collectif, l'enthousiasme et les colères des loyautés communautaires, nous nous replongeons dans le passé pour une somme modique. On peut rechercher les élans d'appartenance dans des pays plus lointains, comme l'Inde ou la Tchétchénie, mais c'est plus cher, moins confortable et souvent plus dangereux. L'Irlande offre le confort du monde moderne avec les passions d'un monde disparu. Les émotions sont collectives et la douche individuelle. Le folklore pousse sur la moquette, les groupes de musique traditionnelle disposent de la technique, des tuners, des amplis. La culture irlandaise, c'est le nationalisme culturel plus l'électricité et les ordinateurs. Toutes les données d'une guerre de religion moyenâgeuse se retrouvent sur le réseau internet. Des touristes fascinés sont allés pendant vingt-cinq ans découvrir une guerre de libération coloniale grandeur nature, avec les guérillas, les masques, les troupes d'occupation, des morts, des emprisonnés, sans jamais être piqués par les moustiques de la jungle, sans être obligés de crapahuter sous un soleil écrasant. Ça n'a pas de prix.

Plus je connais ce pays, moins je sais ce que serait « une » culture irlandaise unique. Encouragés par les offices du tourisme, nous trouvons ce que nous avons déjà dans notre tête. Nous ne verrons pas ce qui ne ressemble pas à nos cartes postales. Nous ne verrons pas l'Irlande « cosmopolite » et « internationale ». Typiquement irlandais : la restauration rapide, la musique rock qui fait le succès de la chaîne de télévision MTV. Les journaux les plus vendus sont les journaux anglais, qui ont tous une édition « irlandaise », notamment en ce qui concerne les faits divers et les photos de femmes nues. La BBC et ITV se regardent partout. Dans le domaine de la communication de masse, l'Irlande fait partie des îles Britanniques, elle parle anglais, et porte des jeans. L'intégration économique est très avancée. Si l'Irlande est parfois caractérisée comme une société de services, dans l'électronique, le droit, la comptabilité, les finances, c'est à l'échelle internationale, et quatre-vingt pour cent de la production va à l'exportation et un tiers des échanges se fait avec le grand frère britannique. Comment se dégager de l'influence de ce voisin puissant et de ses cousins nord-américains ? Comment être irlandais et moderne en même temps ? La religion recule, la société se laïcise, les armes se sont tues en Irlande du Nord et le nationalisme traditionnel est en pleine déroute. Pourtant, les Irlandais et les Irlandaises veulent donner un sens précis au nom de nationalité qu'ils portent. L'Irlande ne se résout pas à disparaître.

Les jeunes générations en particulier adoptent une manière moderne d'être traditionnels. Ils ne suivent plus les enseignements de l'Église, vivent en concubinage, prennent la pilule, vont avorter en Angleterre s'ils le décident. Dans les pubs et les discos, y compris dans les endroits publics de l'Irlande « profonde », on trouve des distributeurs de préservatifs. Les discussions des années passées sur le « danger » que présentaient ces machines pour la morale des jeunes datent d'hier, et pourtant elles semblent déjà d'un autre temps. Les jeunes qui « réussissent » vont en Europe ou aux États-Unis, font carrière, reviennent, repartent. Ils ne sont pas inquiets sur leur identité nationale, et s'ils rencontrent des sentiments anti-irlandais dont les livres d'histoire leur racontent l'intensité, ils s'étonnent sans en faire un « problème ». Si des Anglais expriment des sentiments anti-irlandais, c'est d'abord le problème des Anglais, ce n'est plus pour eux une difficulté à vivre.

Ils veulent, comme tout le monde aujourd'hui, être dans le monde et être du village. Peut-être qu'ils réussissent à ce jeu impossible mieux que d'autres pays. Pour une partie d'entre eux, en tout cas. Les laissés-pour-compte de la modernité, les jeunes des quartiers pauvres de Dublin ou de Belfast où parfois le chômage dépasse cinquante pour cent, réagissent avec le peu qui reste à leur disposition. Ils traînent, boivent, sombrent dans la délinquance. Dublin est devenue l'une des capitales européennes de la drogue. Au Nord, ils se raccrochent désespérément à des lambeaux d'histoire nationale qui leur permet parfois de retrouver une certaine dignité. Le cessez-le-feu provoque d'ailleurs des inquiétudes. Et si la paix et la normalité ne laissaient plus que la délinquance comme révolte possible pour ces jeunes ?

Tous refusent de se laisser enfermer dans le typique, dans ce qui plaît tant aux étrangers, dans les certitudes, les étiquettes, les tiroirs, les petites boîtes. Ils sont irlandais et le contraire, ils sont nationalistes et cosmopolites en même temps, ils veulent la musique traditionnelle et l'Europe. Le succès du rock et du pop est assuré par les mêmes qui écoutent et achètent la musique traditionnelle. Parfois, le sentiment d'appartenance nationale se fixe sur la fusion des deux. La célébrité des groupes irlandais comme U2 et de la chanteuse Seanad O'Connor permet d'être « fiers d'être Irlandais », tout en étant mondial. Les groupes comme les Chieftaîns ou les Dubliners participent de la même complémentarité. Les Irlandaises peuvent à la fois être féministes, militer pour l'égalité de droits dans le travail et la législation, demander le droit à l'avortement et au divorce, et en même temps célébrer les vertus de la famille traditionnelle.

Chacun est pris dans ces contradictions, chacun vit de manière individuelle les séismes collectifs. Le dramaturge Tom MacIntyre a un bonnet de laine, une barbe rousse, des yeux clairs qui vous regardent tout droit. Flamboyant, un écrivain irlandais comme on en rêve. Il a une table réservée au restaurant « 101 », Talbot Street. Il vit dans le comté Cavan, dans une maison où Swift a corrigé le manuscrit des *Voyages de Gulliver*. Difficile de ne pas y penser et de ne pas être submergé par le grand ancêtre. Il va déménager, prendre une maison moins pesante, mais il ne « pourrait pas vivre ailleurs qu'en Irlande », parce que c'est un pays de raconteurs d'histoires. On les écoute dans les pubs, dans les soirées, dans les chansons, la musique, et dans la poésie. S'enferme-t-il ainsi dans une tradition inventée ? Inventée ou pas, cette tradition devient un monde d'existence dont on ne peut pas nier la réalité sociale. Mon ami Paddy Gillan me montre un « livre d'or », cadeau donné par les prisonniers politiques de la guerre anglo-irlandaise à son père emprisonné, la veille de sa libération. Les trois quarts des dédicaces prennent la forme de poèmes. Entre le moment où l'équipe de hurling remporte la victoire et sa rentrée triomphale dans la ville, des poètes de village auront composé des chansons à la gloire des champions. Dans Grafton Street, un homme gagne sa vie en récitant des poésies, à la demande du public. La liste des titres est inscrite sur une longue feuille épinglée à un pilier, on lui indique un titre et il récite le poème, un petit groupe l'écoute et lance les pièces dans une boîte en carton. En écrivant des pièces de théâtre et des poèmes, Tom MacIntyre a le sentiment de poursuivre une activité naturelle qui a commencé tout jeune dans les cours de récréation. Il ne pourrait vivre ailleurs, et pourtant, il lui faut prendre le large. L'île est petite, dès qu'un de ses habitants veut prendre du recul, il se retrouve dans la mer. Il est allé aux États-Unis. C'est le premier voyage, dit-il, qui permet aux Irlandais de « sortir de leurs langes ». Il me parle de Paris : quand on est jeune, il faut au moins une fois dans sa vie avoir été amoureux à Paris et de Paris. Il a écrit une pièce sur Michael Collins qui va être jouée au Peacock en octobre. Il s'intéresse surtout à la vie amoureuse du « Big Fellow ». Il apprend le gaélique. Son professeur est Nuala Ní Dhomhnaill, on ne peut pas ne pas apprendre avec elle. Au cours d'une rencontre son fils de seize ans lui demande pourquoi il apprend cette langue bizarre. Il lui répond : « Parce que j'aurais honte de ne pas parler l'irlandais. » Grand silence prolongé, puis son fils lui indique d'un signe de tête qu'il a compris. Pour Tom MacIntyre, ce fut un moment d'intense émotion. Je lui parle de mes parents qui me parlaient en yiddish, que je ne parle plus, qui est en train de disparaître, et je trouve que c'est triste. D'un signe de tête, il indique qu'il a compris.

On est responsable de ses enfants, pas de ses touristes

Le tourisme fait partie du paysage. Que serait Paris sans ses touristes ? Sans ses millions de voyageurs, qui nous apportent les langues du monde entier, sans leurs vêtements, sans les queues devant la tour Eiffel, le musée du Louvre, les guitares sur les marches du Sacré-Cœur, sans les millions d'appareils de photos et de camescopes qui entourent, révèlent, rappellent aux Parisiens les monuments et les paysages qu'ils ont oubliés ? Ils font partie des mouvements, des couleurs, des odeurs, et leurs questions en anglais arrogant ou en français hésitant font partie de nos promenades sur les quais de la Seine autant que les péniches, les clochards et les amoureux. Pourquoi les touristes dont nous sommes si fiers à Paris - ils viennent rendre hommage à la beauté de notre pays - nous irriteraient-ils en Irlande ? Ils font, eux aussi, depuis longtemps, partie du paysage. Bien sûr, nous voudrions être les seuls à admirer, être des découvreurs. Le tourisme gâche notre plaisir de voyager. Comme l'alpiniste qui arrive à un sommet qu'il croit inexploré et découvre sur la haute roche une foule assise aux terrasses des cafés, se promenant dans les chemins, envahissant les boutiques de souvenirs. Il est extrêmement déçu et parle alors de la « fausse Irlande » envahie par des hordes étrangères. Il faut se méfier du plaisir touristique, mais il faut aussi se méfier de la colère contre les touristes. Les deux sentiments n'ont rien à voir avec le pays lui-même, ils révèlent chacun notre égocentrisme.

L'aéroport, c'est un aéroport, on ne va pas en faire une crise. Si l'aéroport de Dublin était en terre battue avec des troupeaux de moutons, les arrivants ne seraient pas contents. Ils veulent des photos de l'Irlande éternelle, mais du marbre et des tapis roulants pour débarquer. La route de l'Ouest, c'est un peu d'autoroute, des routes à quatre voies, parfois des petites routes, quelques cafés. Le tourisme ne traverse guère la plaine ; il fait le tour par Cork, par la côte sauvage. Il arrive à Galway en venant du Derry, il traverse la mer pour les îles d'Aran.

Le tourisme à Galway est une industrie. Galway au mois d'août, c'est Lourdes, c'est la Mecque des adorateurs de l'Irlande. Quay Street et le vieux quartier sont embouteillés. Pas de pub sans son groupe de musique traditionnelle. Une affiche collée au plafond invite à participer aux manifestations de la Saint-Patrick : *« For One Day, Be Irish ! »* (Soyez Irlandais au moins un jour par an). L'office du tourisme emploie des brigades de jeunes au nom gaélique qui se relaient jusque tard le soir pour loger les Américains, les Allemands, les Italiens, les Français. Sur les routes et les plages du Connemara, les touristes se dissolvent. De Roundstone à Clifden, la route est comme on en rêve. Elle longe la côte, elle est étroite, il faut quasiment s'arrêter pour croiser une autre voiture, se ranger, poliment, aimablement, dans l'air pur, le vent, les ronces, la lumière, les nuages et les rochers. Au sommet d'une côte, une ferme-restaurant offre du café ou des rafraîchissements. De la terrasse on voit la mer, parfois même, nous dit le menu de l'établissement, on voit un dauphin dans les vagues. Plus loin, une petite maison neuve reçoit des touristes pour la nuit. L'hôte nous prépare une tasse de thé en s'excusant : « Les femmes ne sont pas là. Je ne suis pas très habile pour cette sorte de chose. Je ne sais pas où est la clé de la chambre. Les femmes sont parties en ville, elles vont bientôt rentrer. » Il ne dit pas « ma femme », mais englobe « les femmes », épouses, filles, sœurs, dans un ensemble indistinct dont le rôle est d'accueillir les voyageurs. Il veut bien nous préparer le thé, mais en précisant qu'il n'a pas l'habitude, ce n'est pas son rôle à lui. Dans le jardin, un chien frétille de la queue, un chaton nouveau-né ronronne quand on le caresse. Dans le champ voisin, une vache allaite son veau. C'est ainsi que la campagne est belle, un ciel infini, des murets de pierre qui découpent une herbe rare, pas de mouches, quasiment pas de moustiques, des espaces déserts et suffisamment d'hommes et surtout de femmes pour faire le bonheur du voyageur. La maison a l'eau courante, l'électricité pour brancher l'ordinateur portable, une douche abondante, le chauffage central, la photo des enfants le jour de leur communion et la télévision. Le vent souffle en brusques rafales, puis s'arrête, menaçant, mais n'empêchant pas la promenade. Que la campagne est belle quand elle est mise au service de tous nos plaisirs ! Pas d'odeur de fumier, pas de machines agricoles bruyantes, de rares voitures, des moutons qui vous obligent parfois à ralentir et à prendre des photos.

De quoi vivent-ils ? Pas de l'agriculture, pas de l'élevage. Les fermes sont petites, les champs sont pierreux et leur herbe rare nourrit difficilement quelques moutons parfois une vache ou deux. Il n'y a rien. Cette région ne survit que pour les raisons qui la font mourir. Qu'est-ce que vous faites pour vivre ? Mon mari pêche en été. En hiver, il ne fait rien. Quelques familles ont du bétail. L'essentiel est le tourisme. S'ils n'avaient pas cette grande maison pour recevoir des hôtes, ils n'arriveraient pas à survivre. Tout le monde s'est adapté à cette réalité et il n'est plus possible de savoir si la ferme est un complément du Bed and Breakfast, ou les activités d'accueil un complément de la ferme. Dans le comté Mayo, plus riche, où il y a plus de culture, plus de bétail, il y a moins de Bed and Breakfast, et le paysage est « moins touristique », moins accueillant, moins à notre service, puisqu'ils ont moins besoin de nous. Ici, dans le Connemara, ils vivent de nous, du plaisir qu'ils nous donnent et que nous recevons. Les cartes postales sont là pour prouver que le voyageur dit la vérité. « Heure de pointe dans le Connemara » : photo d'un troupeau de vaches sur une petite route. « Embouteillages dans le Connemara » : photo d'un troupeau de moutons. Toute la région est à notre service. C'est une région domestique, comme toute région où le tourisme est l'industrie maîtresse. Les touristes veulent voir ce qu'on leur a promis. Ils grognent contre ces maisons modernes, bâties industriellement, en brique et placoplâtre, qui ont partout remplacé les vieilles maisons de pierre et de chaume. Ces vieilles maisons subsistent comme témoignages, dans les écomusées, dans les ruines, comme maison « typique » sur les cartes postales qui les dupliquent à l'infini et que l'on envoie aux amis pour montrer le pittoresque. Ces maisons n'existent plus. Elles sont froides, humides, difficiles à entretenir et leur sol en terre battue est toujours sale. Celles qui subsistent ont été rachetées par des étrangers parce que refaire un toit de chaume coûte très cher. La maison typique du Connemara est celle que l'on ne voit jamais sur les cartes postales, maison de banlieue en brique et tuile, tout confort, avec chambres supplémentaires pour les touristes.

Dans un pub de Keel, dans Achill Island, une affiche annonce la musique à dix heures et quart. Nous arrivons à dix heures. Beaucoup de monde, surtout des Allemands et quelques Français. Tout le monde chuchote, on attend les musiciens. Vers dix heures et demie, deux hommes arrivent, un violon, un accordéon. Ils se mettent à jouer, à chanter. Les conversations se déchaînent alors et couvrent la musique. Tout le monde est soulagé. C'est bien de la musique traditionnelle, nous pouvons nous détendre. Personne n'écoute, sauf quatre ou cinq personnes regroupées autour des deux musiciens. La musique, c'est comme la maison au toit de chaume, elle est marqueuse d'identité touristique.

La vague étrangère déferle jusqu'à Sligo, à cause de la tombe de W. B. Yeats. Puis elle meurt. Plus au nord, les étrangers se raréfient et sont remplacés par des vacanciers irlandais. C'est bien la preuve que les étrangers viennent se chercher eux-mêmes puisque là où les Irlandais vont, ils ne vont pas. Pourtant, si l'on veut voir le « pays réel », non moins artificiel sans doute que le pays rêvé, mais réel parce que c'est ainsi que les Irlandais sont et voyagent, il faut aller à Bundoran. Comment je le sais ? Par les langues parlées autour de moi, d'où ont disparu les langues étrangères. Par la liste des hôtes dans le livre de réception de l'hôtel. Dans la colonne « pays d'origine », domine l'adjectif *Irish*. Ce qui veut dire vraisemblablement, catholique, irlandais de la république. Il y a quelques rares mentions de *British*, ce qui est curieux. Un Anglais mettrait « anglais », un Écossais « écossais ». Pourquoi British ? Les seuls qui pourraient employer l'expression sont les protestants d'Irlande du Nord, parce qu'ils répugneraient à se présenter comme Irish et, d'une manière générale, ce sont les seuls qui se présentent comme British dans toutes les îles britanniques. Depuis le cessez-le-feu, ils n'hésitent plus à franchir les frontières pour aller s'amuser de l'autre côté.

Bundoran ne correspond en rien à l'Irlande traditionnelle, mais c'est là que l'on trouve les Irlandais. Ici, pas de maisons au toit de chaume, pas de troupeaux de moutons, pas de vieux fermier célibataire sur une bicyclette rouillée qui vous salue en passant. Une grande rue commerciale avec tous les fast food du monde, des souvenirs à rapporter chez soi aussi kitsch qu'à Brighton ou à Trouville, des statuettes de coquillages et des assiettes décorées d'une photo de plage. Un grand ensemble d'amusements nautiques, genre aquaboulevard, et partout des milliers de machines à sous, de « bandits manchots », qui donnent à la ville l'allure d'un Las Vegas de province.

Des dizaines de milliers de personnes passent ainsi leurs journées devant les machines, femmes âgées, familles avec les enfants. Dans la rue principale, une église protestante est devenue une coffee-shop, le panneau qui portait la citation biblique du jour ainsi que l'heure des services montre désormais les menus et les tarifs, pour le reste, le bâtiment est resté tel quel. On imagine la tête des protestants du Nord qui voient cette sacrilège transformation et crient au génocide de leur religion. Ils ne savent pas qu'en Angleterre aussi des églises sont ainsi devenues des locaux pour marchands du temple. Dans les pubs, il y a encore de la musique traditionnelle, que les Irlandais n'écoutent pas plus que les étrangers, il faut être juste. Nous sommes proches de la frontière et le conflit du Nord a débordé en laissant quelques traces. Sur le mur d'une pension modeste, très modeste, une peinture murale représente les grévistes de la faim de l'année 1981. Derrière la vitre, une affichette appelle à la manifestation pour commémorer les sacrifices des prisonniers républicains. Le soir, dans le pub, l'animateur annonce dans le micro qu'une voiture est restée les phares allumés, et donne le numéro d'immatriculation. Un plaisantin transforme les dernières lettres en « IRA ». Quelques rires, des applaudissements. Des jeunes gens un peu excités par la bière nous demandent à la sortie d'où nous venons. Nous parlons. Ils nous disent que l'an prochain « ils vont gagner » contre les Brits. Quelle victoire ? Ils ne savent pas. Mais la musique qui domine ici, ainsi que sur la côte Est, c'est le country and western, des chansons dont tous les assistants connaissent les paroles, les reprenant en chœur avec le chanteur, ou invités eux-mêmes à les interpréter. Les quelques rares touristes étrangers qui sont encore là sont choqués, se moquent de cette manière de s'amuser qui ne correspond pas aux canons du voyage.

Je triche, je savais avant de venir ce que j'allais trouver. Pourquoi est-ce que je dois passer par Galway pour découvrir l'Irlande éternelle ? C'est bien fait pour moi. Est-ce que j'irais à Lourdes pour étudier les religions en France ? Je me retrouve dans la foule des touristes anonymes, avec la musique dans les pubs, les mêmes livres sur l'Irlande paysanne ancienne, les mêmes cartes postales, les mêmes éditions du *Bogman* de Walter Macken. À Lourdes, les paralytiques marchent, à Galway, le fish and chips est transformé par le miracle du tourisme en plat national irlandais, dont se délectent les clients étrangers, doigts gras et yeux brillants. Le service est assuré par de très jeunes gens et jeunes filles, des petits boulots de vacances épuisants et mal payés, mais qui font partie du paysage de la saison, particulièrement bonne cette année, pour trois raisons. Un, il n'y a plus de coups de feu politiques en Irlande du Nord. Deux, l'été est particulièrement ensoleillé, on n'a pas vu ça depuis des générations, et l'Irlande sous le soleil comporte sur l'Irlande pluvieuse des avantages évidents. Espérons, pensent les amoureux de l'Irlande sauvage, que le pays ne perdra pas la protection des pluies contre l'invasion étrangère. Trois, le taux de la livre irlandaise a suivi la baisse de la livre sterling, et le voyage revient moins cher pour les porteurs de francs et de marks. Dans le fish and chips, au-dessus de la caisse, une annonce déclare que l'établissement refuse les billets de vingt livres sterlings, en raison du nombre de faux en circulation. Les *punts*, aussi authentiques que l'Irlande éternelle. Juste retour des choses. À Belfast on me refusera mon bel argent de la république, on rejettera la harpe et on n'acceptera que la reine Élizabeth.

Je persifle et je signe : je déteste ce type de tourisme qui défigure le pays. Puisque l'on parle à propos d'Irlande de colonialisme, d'indépendance, d'autonomie, il me semble à moi que l'Irlande la plus soumise, la plus colonisée, la plus domestiquée, la plus au service des puissants de ce monde, au service de l'étranger, c'est l'Irlande que les intérêts touristiques veulent préserver comme réserve indienne à visiter. Après avoir ainsi déversé ma bile, peut-être faut-il commencer à réfléchir à ce que signifie cette colère rentrée qui ne m'a pas souvent quitté pendant mon périple à l'Ouest. Cette colère n'est-elle pas aussi partie prenante du chauvinisme de grande puissance ? On pourrait parler du festival d'Avignon comme du Connemara, ou du palais du Louvre, de la tour Eiffel, tous endroits qui sont l'objet de soins attentifs pour ressembler à ce qu'ils sont, pour être authentiques ? Pourquoi le vieux Galway serait-il plus digne de risée que d'autres hauts lieux du tourisme ? Des millions de gens y passent chaque année. Les emplois qu'ils génèrent, pensions, hôtels, restaurants, transports, imprimeries des guides, des cartes postales, sont des emplois vrais, aussi vrais que le mien qui suis payé pour chercher, paraît-il, ce qui se trouve derrière les vitrines.

Anne et Mark ont une grande maison avec cinq chambres d'hôtes. Une maison confortable, chaude, décorée de quelques reproductions chic du Galway ancien. Pour Anne, c'est un travail à plein temps, travail qu'elle trouve agréable, recevoir, rencontrer des gens nouveaux tous les jours. Le plaisir des voyageurs est non moins vrai, sinon ils ne reviendraient pas, ils n'enverraient pas leurs amis. L'accueil des Irlandais est vrai aussi, ils vous offrent une tasse de thé ou de café après la fatigue de la route, et c'est peut-être aussi agréable à offrir qu'à recevoir. L'éclat de sympathie quand nous disons « Je vais en Irlande » est non moins vrai. Quand je vais à Londres, je n'en parle même pas. La destination provoque autant d'intérêt qu'un aller-retour à Pontoise.

Commercialiser la haute technologie est preuve de civilisation. Commercialiser l'artisanat est une trahison. Quand les grandes puissances industrielles vendent leur authenticité et créent ainsi des entreprises de loisirs et de plaisir cotées en bourse, ce n'est pas de la prostitution, c'est de la finance internationale. Les vendeurs de champagnes, parfums, fromages, whiskys, cherchent tous à persuader leur clientèle que le gigantisme n'a pas affecté la qualité traditionnelle de leurs produits. Les regards sont respectueux pour les produits de luxe « artisanaux », et toujours un peu méprisants, ou pour le moins gênés, pour les Indiens des réserves qui vendent leur authentique à eux. Commercialiser l'authenticité est une prostitution pour les gens simples, à qui l'on recommande de rester pauvres et présentables.

À Roundstone, deux vieux messieurs discutent de l'Irlande et l'Europe. Nous nous en tirons bien, dit l'un d'eux, pour chaque livre que nous leur versons, nous en recevons trois. L'Europe nous aide à construire des routes, des ponts. À Roundstone, le musée du Bodhran, le tambour traditionnel, a été financé par des fonds européens. À Roundstone se fabriquent les meilleurs Bodhrans du monde. Le musée a été visité par Ronald Reagan, entre autres personnalités prestigieuses. Près du musée, avec les mêmes fonds, on a construit des bungalows de vacances en série, et un parc consacré au développement des techniques électroniques. Que choisir ?

L'Irlande éternelle

Entre tradition et modernité, il y a rupture et continuité, conflits et loyauté, évolution et crises. Tout à la fois. Les hommes et les femmes que je rencontre sont de leur temps et nostalgiques de leur passé. Ils ne vivent plus en groupes clairement définis. Ils récusent de plus en plus violemment leur appartenance communautaire car ils ressentent en eux-mêmes des loyautés contradictoires. Ils, et surtout elles, ne peuvent plus et ne veulent plus être classés dans des groupes clairement définis. Renonçant à fréquenter leur église et se déclarant profondément croyants, vivant en concubinage et parfois répugnant à accepter que l'Irlande légalise le divorce. Souhaitant la rupture avec les conflits du passé et ressentant cette rupture comme une perte irréparable. Ils ne parlent pas gaélique et veulent très majoritairement que l'irlandais reste la première langue officielle du pays, et saluent bien bas les efforts de ceux qui font vivre la langue tout en n'y participant pas. Comment y voir clair ?

Brendan Halligan, ancien dirigeant travailliste et député européen, devenu consultant international, européen convaincu, me reçoit dans un restaurant cossu du quartier des affaires à Dublin. Dans la salle se trouvent des costumes trois pièces d'avocats et d'hommes d'affaires interchangeables dans tous les pays européens. Il écoute avec ravissement la musique de *Riverdance*, une série télévisée qui a donné un spectacle de music-hall, fondée sur la musique et la danse irlandaises traditionnelles. Dans les coins les plus reculés, on trouve les CD, les cassettes, les livrets de *Riverdance.* Immense succès populaire à Dublin, le spectacle voyage dans le monde entier, il est monté à Londres, à Broadway, peut-être un jour viendra-t-il à Paris. Il écoute la musique traditionnelle et modernisée en réponse à une question toujours lancinante : étant donné l'intégration de l'Irlande dans la culture « britannique », l'imbrication de son histoire avec celle de la

Grande-Bretagne et aussi avec celle des États-Unis, qu'avons-nous pour nous distinguer des autres peuples, qu'est-ce qui nous caractérise en tant que peuple ? La musique, la danse, la langue. *Riverdance* donne un sentiment de fierté aux Irlandais par son succès international. La culture locale ou régionale, liée au sous-développement, à la misère, au puritanisme catholique rejoint la culture mondiale tout en restant irlandaise. Les danses traditionnelles irlandaises, dit Brendan, étaient complètement asexuées : le torse reste droit, seules les jambes tricotent, on ne se touche pas. Le clergé, dans l'Irlande indépendante, plus influencé par le rigorisme victorien que par les inconduites de l'Irlande païenne, opposait la pureté inventée de ces danses folkloriques au déhanchement sensuel des danses modernes. Même les *set-dancing*, espèce de quadrille dérivé, étaient interdites par la Ligue gaélique parce qu'elles n'étaient pas « authentiques ». En fait, parce que les garçons et les filles se touchaient, se prenaient pas la main ou par la taille. *Riverdance* réconcilie la danse irlandaise et la sensualité. Tout le monde aime.

Les anciens maîtres anglo-irlandais, propriétaires terriens et dirigeants politiques, ont perdu leurs pouvoirs, leurs privilèges, ils restent une poignée qui n'ont pas perdu leur statut. Ils ne se posent pas de problèmes existentiels ou identitaires. Les rares qui sont restés vivent dans leurs anciennes propriétés comme des exilés de luxe. Patrick Gorman est un industriel, Patricia est paysagiste. Dans un pub près de Drogheda, ils montraient l'Irlande populaire à un invité français. Ils ont une grande propriété dans les faubourgs de Drogheda. La petite maison, à la grille d'entrée, le logis du gardien, est aujourd'hui louée. Il faut continuer encore un bon kilomètre avant d'arriver à la « Big House ». Une grande maison qui a été jadis très riche et qui se délabre lentement faute de capitaux pour l'entretenir correctement. Les terres ont été louées à un fermier irlandais, mais il y a de beaux restes, une véranda avec bar face à un court de tennis, où nous prenons l'apéritif.

Patricia nous fait faire le tour du propriétaire, elle a fait de son jardin la vitrine de son métier. Le whisky est le meilleur, et le vin est français. Ils sont très hospitaliers, affables, sûrs d'eux. Le père de Patrick est le major Gorman, il a fait carrière dans l'armée britannique, a été à Dunkerque. Retraité, il exploite maintenant une propriété avec l'aide de fermiers irlandais, vend ses peintures. Est-ce que d'avoir été militaire de carrière au service de Sa Majesté a provoqué des tensions avec les nationalistes irlandais ? Jamais, dit-il, il est dans le pays comme un poisson dans l'eau. Il ne demande pas trop qu'on l'appelle major, mais le titre s'est installé et pour le monde il est le major Gorman. Mais ces histoires sont trop belles pour être vraies, et nous savons bien que la loyauté à l'égard de l'Empire et la loyauté à l'égard d'une Irlande indépendante étaient antagonistes. Le jour des coquelicots, ceux qui portaient la fleur rouge à la boutonnière arboraient l'insigne comme signe de fidélité à l'Empire, contre la revendication d'indépendance. Aujourd'hui encore, pour les nationalistes irlandais et leurs descendants, les morts des deux guerres mondiales ne sont pas « morts pour la patrie ». Ils ont des musées et des monuments commémoratifs en Irlande du Nord, mais pas dans la république.

Pour le grand nombre des Irlandais de la république, la citoyenneté, les droits, l'indépendance, la légitimité politique, ont été obtenus par la rupture avec la Grande-Bretagne qui les a rendus autonomes, qui en a fait un peuple. On révise cette histoire nationaliste depuis une génération, on remet en cause les conceptions étroites et bigotes des combattants d'hier. On dit que c'est une culture de la lamentation, qui rejette la faute de tous les défauts, de toutes les misères, sur le conquérant anglais, sur « huit siècles de colonialisme », et qu'il faut désormais regarder en face les générations qui ont vécu l'indépendance et analyser leurs choix, leur comportement culturel et politique, comme des choix et des comportements autonomes, et non comme les résidus d'un colonialisme inachevé. Bien plus, des historiens et des hommes politiques cherchent dans le passé les racines de ces défauts. Ces thèses provoquent des réactions fortes. On ne peut pas simplement oublier la conquête, le colonialisme, la répression, l'exclusion. Même les plus acharnés à revoir leur passé sont contraints de vivre avec.

La prison de Kilmanhaim à Dublin est devenue un musée. La guide nous raconte l'histoire des patriotes irlandais qui ont été emprisonnés, qui ont souffert du froid, de l'humidité. Elle nous montre les cellules de Robert Emmet avant son exécution, celle de Parnell accusé de sédition, celles des dirigeants de l'insurrection de Pâques 1916. Dans la cour de la prison, elle nous montre le mur où ils ont été exécutés, des murs élevés où les dirigeants britanniques croyaient pouvoir fusiller sans être vus ni entendus, et ils tuèrent Patrick Pearse, et James Connolly, et une terrible beauté est née de ce sang versé. Les héros ont été des héros, surtout des hommes. La seule femme est la comtesse Markievicz, dont la guide nous explique pour calmer nos inquiétudes devant ce nom étranger qu'elle avait un nom de jeune fille bien irlandais (Gore-Booth), mais qu'elle avait épousé un comte polonais. Peut-on raconter une autre histoire dans ces lieux ? La guide ne nous parle pas de la guerre civile qui a vu des nationalistes emprisonner d'autres nationalistes, les fusiller, les laisser mourir de faim. Est-ce seulement possible ? Le père de Paddy Gillan a été emprisonné deux années dans la prison de Kilmanhaim. Son fils a conservé de cette période un carnet d'autographes, document historique précieux, qu'il n'a jamais voulu donner au musée de la prison parce que, dit-il : « ils racontent là-bas une histoire trop étroitement nationaliste. » N'empêche qu'il montre sa relique avec respect. Brendan Halligan ne veut plus non plus faire la guerre pour une histoire rêvée, mais il se rappelle, en nous amenant devant la prison musée, que son beau-père a été prisonnier à Kilmanhaim. Il serait scandalisé si l'on proposait de détruire ce musée. De jeunes visiteuses, qui n'ont pas l'air paralysées par la nostalgie patriotique, frissonnent et se demandent comment les prisonniers ont pu survivre. Près de Kilmanhaim, le musée d'art moderne se trouve dans les locaux superbes d'un ancien hôpital. L'une des salles d'exposition contient des centaines de photos de sexes masculins en érection, collés contre des galets, éparpillés sur le sol. L'entrée est précédée d'un avertissement : « Cette salle contient des objets sexuellement explicites. » Les écoliers visitent Kilmanhaim. Peut-être visitent-ils aussi le musée d'art moderne ? Qui oserait prétendre que les héros de Kilmanhaim sont morts pour que des artistes aient le droit de montrer dans un musée de Dublin des centaines de sexes masculins en érection ? Si Pearse, Connolly et les autres savaient, ils se retourneraient dans leur tombe.

La rose de Tralee

Tous les ans à la fin du mois d'août, un comité des fêtes de la ville de Tralee élit « la Rose de Tralee », une jeune Irlandaise, née en Irlande ou descendante de la diaspora. Ce n'est pas une reine de beauté. Elle doit manifester d'abord les qualités morales et les compétences artistiques (chant, danse, poésie) qui témoignent qu'elle appartient bien à cette catégorie d'êtres que l'on appelle une Irlandaise typique. Depuis les premières élections de la Rose, l'événement s'est diversifié et mondialisé. Il est désormais des candidates qui viennent des États-Unis, Chicago, Boston, Texas, New York, mais aussi de Londres, d'Australie, de Nouvelle-Zélande, d'Allemagne et même de Paris. La moitié des candidates pour l'année 1995 viennent de la diaspora irlandaise. Le but de la cérémonie est de rassembler une nation dispersée par l'émigration.

La cérémonie d'interviews des candidates est diffusée sur RTE en direct, le mardi et le mercredi 29 et 30 août, de neuf heures et demie à minuit passé. Les journaux disent que près de deux millions d'Irlandais regardent le spectacle. C'est donc un phénomène de société. Deux millions sur trois millions et demi, ça fait près de soixante pour cent de part de marché. Un rêve de producteur. Les publicités envahissent l'écran, toutes les quatre ou cinq candidates.

Ce n'est pas ce que l'on voit qui peut expliquer cet engouement exceptionnel, ou sinon, ce serait à désespérer des Irlandais et de l'humanité en général. Car ce que l'on voit est ceci : un animateur de télévision classique, qui a son lot de bons mots, de plaisanteries et d'histoires à meubler les soirées, pose quelques questions aux candidates endimanchées, robe de cérémonie - sans décolleté, les jupes recouvrent les genoux. Elles sourient sans arrêt, elles sont contentes d'être là. Surtout, il ne faut pas être sexy car la cérémonie parle de famille, de mariage et de nation. Aucun de ces termes ne rime avec érotisme.

La première candidate répond à trois questions, fait quatre pas de danse et puis s'en va. On dit bon. Une fois. Mais trois fois, cinq, vingt, trente-six ? Deux soirées de suite, deux millions de téléspectateurs qui forcément s'ennuient. Que se passe-t-il ? Réponse : il ne s'agit pas d'un spectacle car, comme tel, ce serait forcément un fiasco innommable. Il s'agit d'une réunion de famille pour célébrer les valeurs traditionnelles partagées par un grand nombre d'Irlandais et d'Irlandaises et dont la mise en scène a pour eux le goût qu'a pour moi le *gefilte fisch*. Est-ce que l'on discute du goût du *gefilte fisch* ? Première convention : l'émigration est objet de fierté à condition de partir à contrecœur, parce que la vie est dure, non pas parce que l'on n'aime pas le pays, ou que l'on ne s'entend pas avec sa famille, ou que les parents voulaient nous marier avec un paysan riche mais vieux et acariâtre. On aime le pays, mais on est obligé de partir, pour aider la famille, pour réussir ailleurs ce qui est devenu impossible au pays. Deuxième convention : la première génération se sacrifie, elle travaille beaucoup et occupe des métiers sales, difficiles, les femmes font les ménages, les hommes construisent des chemins de fer ou travaillent la terre, ils en bavent terriblement. Leur sacrifice permet aux enfants d'aller à l'école, d'entreprendre des études, de réussir professionnellement et socialement. Les candidates, signe des temps, ne suivent pas le modèle de l'Irlandaise mère de famille, elles sont toutes étudiantes, ou pratiquent un métier noble : médecins, avocats, femmes d'affaires, ingénieurs, et toutes remercient leurs parents ou leurs grands-parents qui ont trimé pour qu'elles exercent un métier agréable et bien payé. Troisième convention impérieuse : l'irlandicité passe par l'esprit de famille. On évoque avec nostalgie les rigueurs des premières générations d'émigrants, on célèbre le nombre d'enfants qu'ils ont dû nourrir, élever, éduquer. Les frères et sœurs sont généralement nombreux. La famille est présente dans la salle, elle est filmée pour chacune des candidates, le père, la mère, les frères et les sœurs, si les grands-parents sont là encore mieux. La candidate rend hommage à ses parents qui lui ont permis de réussir, la mère verse une larme, le père lui prend la main, la gorge serrée, mais trouve la force de sourire à la caméra. Quatrième convention : les candidates doivent prouver que ce sont de vraies Irlandaises et qu'elles le sont restées. Soit parce qu'elles sont nées en Irlande, soit parce qu'elles descendent d'une ou plusieurs générations de parents irlandais émigrés. Elles sont parties, mais sont restées de bonnes Irlandaises. Leur loyauté se mesure par les liens conservés avec la famille restée en Irlande, par des visites régulières, par le vœu réel ou fantasmé de revenir un jour vivre et travailler au pays, par des activités irlandaises régulières : musique, sport avec la Gaelic Athletic Association, danse traditionnelle, participation à des associations culturelles ou d'entraide, apprentissage ou emploi de la langue irlandaise. En résumé, l'appartenance nationale est liée à la race, la famille et la culture. Il ne suffit pas de dire : il faut montrer ses talents. Donc la candidate doit danser une danse traditionnelle, ou chanter une chanson irlandaise, ou réciter un poème en anglais ou en gaélique, ou jouer un morceau de piano de musique irlandaise. Comme ce ne sont pas des professionnelles, la qualité ne dépasse guère le niveau d'une fête scolaire où les enfants viennent faire briller les yeux de leurs parents en jouant la *Lettre à Élise.* D'ailleurs, je jure solennellement que l'une des candidates a joué la *Lettre à Élise.*

La Rose de Tralee est finalement désignée par le jury qui comprend des représentants des entreprises tutélaires. L'heureuse élue pleure, les autres candidates l'entourent et l'embrassent sans amertume ni jalousie. Puis le chanteur Phil Coulter termine le spectacle en chantant « The Town I Love so Well ». La ville qu'il aime tant est Derry, sa ville natale, où il a connu le bonheur, l'amitié et l'amour. Quand il revient, il ne reconnaît pas sa ville abîmée par la violence, la guerre, les explosions. Qu'est-ce que l'on a fait à la ville « qu'il aimait tant » ? Mais un jour, la paix reviendra, le matin brillera à nouveau, et il retrouvera enfin telle qu'en elle-même la ville qu'il aimait tant. C'est le premier anniversaire du cessez-le-feu. Publicité pour la Guinness. Elle coule lentement comme la chanson de Phil Coulter. Les jours suivants, j'ai dit à mes interlocuteurs que j'avais regardé la cérémonie de la Rose de Tralee pour mon travail sur les changements culturels en Irlande. « Tu es fou, ça n'a aucun intérêt, comment as-tu pu regarder ça ? » « J'ai jeté un coup d'œil, c'était ennuyeux comme la pluie. » Personne n'a regardé l'émission, à part moi, pour des raisons professionnelles. Il faudrait prévenir les publicitaires.

Le hurling

Dans son sermon dominical, le dimanche 3 septembre 1995, le prêtre rappelle que nous sommes entre deux dates importantes : le premier anniversaire du cessez-le-feu et la finale de hurling qui a lieu aujourd'hui. N'oublions pas le Christ et son sacrifice, et prions pour le rachat de nos péchés.

La finale de hurling oppose le comté Clare au comté Offaly. Clare n'a pas gagné la finale depuis 1914. Grâce à mes relations, j'ai été invité dans une loge de l'Irish Permanent d'où je peux voir le match dans des conditions de luxe exceptionnel qui demain, quand je le raconterai, en feront s'exclamer plus d'un, et je pense déjà à bien noter tous les signes extérieurs de richesse et de volupté qui accroîtront l'étonnement de mes interlocuteurs. Symbole suprême du luxe de la loge, sur une trentaine de présents, il n'y a que deux femmes. Les autres sont des représentants de sociétés invitées par l'Irish Permanent, d'Irlande ou de Grande-Bretagne, qui sont en costumes sport, élégants, sans être luxueux. Les grandes sociétés financières achètent à prix d'or un box dans le stade de Croke Park pour inviter de riches Anglais et Américains à regarder des jeux qui remontent à l'origine des temps. Le directeur financier d'une banque de la Cité londonienne est ravi. Il dit : « J'ai pratiqué à peu près tous les sports : football, rugby, golf, cricket, jamais je n'ai vu d'enthousiasme aussi populaire que pour le hurling. » Il baigne dans un peuple en liesse pendant qu'un serviteur en veste blanche lui sert du saumon grillé accompagné des meilleurs vins, dans une loge climatisée. Les grandes sociétés, Aer Lingus, les banques, Guinness, sont obligées d'avoir leur stand, elles donnent beaucoup d'argent. Guinness est partout, la boisson nationale patronne le sport national. Nous entrons par une porte réservée, les couloirs sont tous moquettés épais. Nous sommes guidés par de charmantes hôtesses de la compagnie aérienne Aer Lingus, nous arrivons dans une loge où une table est mise, des garçons en veste blanche nous servent l'apéritif que nous voulons en quantité, puis ils nous servent un repas somptueux avec du bon vin à volonté, pendant la finale de la coupe junior, que mon guide met à profit pour m'expliquer les règles du jeu. Elles sont assez simples : les joueurs ont tous une crosse, un *carmogie* ou *hurling stick* ; on peut lancer la balle en la frappant de son carmogie ou la porter en courant en équilibre au bout de la crosse qui a la forme d'une cuillère aplatie. On peut attraper la balle avec la main, la relancer. Le but du jeu est de marquer des points contre l'adversaire, soit en lançant la balle dans le but, soit en la faisant passer entre les deux poteaux, comme au rugby. Jeu spectaculaire, mélange de hockey sur gazon et de rugby, fait de vitesse et d'adresse. Pour lancer la balle correctement avec le carmogie, il faut un entraînement considérable. Les joueurs, tous amateurs, sont tous célibataires. L'engagement dans cette aventure paraît incompatible avec une vie de famille. Les bagarres entre joueurs sont rares, mais les mêlées sont fougueuses, les crosses solides se brisent et certains joueurs portent des casques.

Croke Park est propriété de la Gaelic Athletic Association. Les jeux étrangers, soccer, rugby, cricket, n'y sont pas autorisés, sauf le football américain. Étranger veut donc dire britannique. Américain, ce n'est pas étranger. Croke Park fait partie de l'histoire nationale. L'une des ailes du terrain a été bâtie sur une colline faite de main d'homme avec les décombres de O'Connell Street après le soulèvement de Pâques 1916. On l'appelle « Hill 16 », la colline de 1916. Le 21 novembre 1920, Michael Collins fit exécuter onze officiers britanniques à Dublin, soupçonnés d'être des agents secrets. En représailles, les *Black and Tans* tirèrent sur la foule d'un match de football gaélique à Croke Park ; douze personnes moururent, dont un joueur qui a donné le nom à la coupe de hurling. Depuis, ce sport est l'un des canaux privilégiés de l'affirmation de la fierté nationale et un défi lancé aux conquérants. Pour affirmer son patriotisme, il fallait jouer les sports nationaux, et le hurling stick servait de fusil dans les séances d'entraînement des volontaires. Le sport était une bonne préparation aux combats futurs. Les prisonniers exprimaient leur patriotisme dans les prisons en jouant des parties de hurling, si bien que souvent ces jeux, comme la langue irlandaise, étaient interdits.

De signe de résistance, le sport est devenu signal d'appartenance et cette fierté a survécu intacte. La finale est donc un événement national. La présidente Mary Robinson y assiste, ainsi que le Premier ministre John Bruton. Un orchestre joue l'hymne national, le stade entier se lève et chante *The Soldier's Song*. La première partie est la finale de la coupe junior, la coupe est remise par l'archevêque de Cashel, l'ancien patron de la GAA. Jadis, les joueurs et l'arbitre venaient embrasser la main de l'archevêque avant le début du match. Cette pratique a disparu, silencieusement. Jadis, la GAA était patronnée par le titulaire du diocèse de Cashel. Il n'en est plus le patron, sans que la décision ait jamais été officialisée. Il a glissé silencieusement de son siège. Les joueurs sont présentés à la présidente qui serre toutes les mains. Avant eux, les joueurs de l'équipe qui ont gagné le trophée ving-cinq ans auparavant sont regroupés sur la pelouse pour montrer que le hurling vous donne santé et longévité. Ils ont tous la cinquantaine et sont en pleine forme. À la fin du match, la coupe est donnée au capitaine de l'équipe gagnante par le président de la GAA, estomac proéminent et costume trois pièces, un fermier protestant qui fait son discours de félicitations en gaélique (on me dit qu'il le parle mal). Il ressemble à un dirigeant sportif de tous les stades du monde.

J'ai beaucoup de chance, c'est une finale de rêve. Clare l'emporte par 16 à 14 dans un match très serré jusqu'au dernier moment. Pendant le match, dans la tribune des personnalités, qui normalement s'enflamment moins que les catégories modestes de la société, l'excitation monte. Mes voisins hurlent : « *Jesus, Go at it ! Take the ball ! Christ, what are you doing ?* » Ils interpellent les joueurs par leur nom, il les connaissent tous. Quand Clare marque (tout le monde est pour Clare), ils me donnent des bourrades, de grandes claques sur l'épaule ou sur la cuisse. Je suis couvert de bleus, c'est un jeu dangereux. L'enthousiasme des supporters de Clare déborde, les drapeaux s'agitent, safran et bleu. L'arbitre siffle la fin du match, la foule envahit le stade, il n'y a plus personne dans les travées, tout le monde est sur la pelouse du stade. Les pubs sont envahis par les couleurs de Clare, safran et bleu, pour boire de la Guinness. Le capitaine tend la coupe vers la foule et remercie en gaélique (que, paraît-il, il parle très bien). Le comté de Clare va célébrer la victoire historique, Clare n'a pas gagné la finale depuis 1914 ! Pendant toute la semaine, l'équipe va remonter lentement de Dublin à Clare, de ville en ville, de village en village, tout le monde sera là dans la rue une pinte à la main, il y aura partout des discours et des chansons.

Faut-il préciser que les joueurs sont tous du comté de Clare, qu'il ne peut pas y avoir de transfert ou d'achat de joueurs « étrangers », puisque ce sont tous des amateurs ? Les joueurs sont de la région, *« We are from Clare »*, leur sang est pur, leur origine avérée, et tout ce qu'ils gagnent, me dit-on, ce sont des pintes gratuites pour le restant de leur vie. Dans le stade, il y a soixante mille spectateurs, déchaînés, enthousiastes, chantant à tue-tête, mais jamais agressifs. J'ai dû compter une dizaine de *gardai.* Les supporters ne font pas peur, et l'on me confirme que jamais il n'y a de bagarre, ou presque jamais, ni dans les travées du stade ni entre les joueurs. Une seule explication possible : ce sont des amateurs, donc l'argent pourrit tout, ce serait tellement beau si l'explication était vraie. Mais on sait bien quand même, en Irlande peut-être plus qu'ailleurs, que l'on tue plus facilement pour l'appartenance communautaire que pour de l'argent, non ?

Le hurling est donc le signe d'allégeance à la culture authentique. Mais l'enthousiasme national se reporte, chez les mêmes, sur des sports « étrangers ». Le soccer, ou football anglais par excellence, provoque également un engouement considérable. Pour la coupe du monde à New York, sur soixante mille spectateurs de la rencontre Irlande-Italie, quarante mille étaient nés en Irlande. Le jour de la retransmission, les rues de Dublin étaient désertes. Les patrons des entreprises publiques ou privées avaient installé des postes de télévision dans les ateliers et dans les bureaux. Sinon, ils avaient donné la permission à leur personnel d'aller voir le match dans les pubs voisins. Dans les entreprises où il n'y avait ni poste de télévision ni permission du patron, les employés sont partis regarder le match aussi naturellement que la Liffey coule vers la mer. Les rues de Dublin étaient désertes et l'*Irish Times* a publié une photo de O'Connell Street avec deux voitures et trois piétons. Le phénomène avait déjà atteint cette intensité avec la coupe européenne de 1988, où une équipe irlandaise avait battu l'Angleterre. Le pays était devenu « brésilien ». Et certains se lamentent de cette perte d'identité, de cette acculturation. Mais le soutien à des sports « étrangers » n'est pas vécu par les supporters comme une contradiction insupportable. Peut-être la distance grandit-elle entre les responsables de la Gaelic Athletic Association qui veillent sur la pureté sportive de la race et fulminent contre les sports étrangers en gaélique tâtonnant, mais les intéressés vont à Croke Park et à Landsowne Park avec le même enthousiasme et n'écoutent guère les notables rebondis qui leur font la morale.

La langue

Moins on la parle, plus on en parle. Il ne reste plus que quelques dizaines de milliers de personnes pour qui le gaélique est une langue maternelle. Si la langue nationale survit en Irlande, ce sera grâce à des milliers de volontaires et de militants pour qui elle est une « langue apprise ». Pourtant, le statut de la première langue officielle du pays reste un point central dans les interrogations sur l'identité culturelle du pays.

On discute sans fin des raisons de sa quasi-disparition. La famine a décimé les régions irlandophones. L'anglais était nécessaire pour le développement économique. L'historien Joseph Lee réfute ces arguments avec les exemples du Danemark ou de la Finlande, qui se sont développés économiquement bien plus que l'Irlande en conservant leur langue nationale[6]. La raison principale de l'échec est selon lui l'absence de volonté politique des élites d'État. Les dirigeants politiques et économiques demandaient aux autres l'effort d'apprendre le gaélique mais ils n'ont jamais donné l'exemple, et ne le parlent pas.

Tout l'effort de la Ligue gaélique a été au début du XXe siècle précisément de mettre l'accent sur l'effort individuel. Pour les nationalistes culturels, une Irlande anglicisée ne pourrait jamais être indépendante. La Ligue demandait à ses adhérents, à ses militants, aux Irlandais en général, de défaire la conquête en décolonisant leur esprit, c'est-à-dire en faisant de la langue nationale une langue vivante de communication entre les Irlandais. Personne, ou quasiment personne, ne demandait aux Irlandais d'être monolingues. Mais rien ne les empêchait a priori de rester bilingues : anglophones et irlandophones. Jusqu'à la création de l'État libre le combat linguistique fut porté par les luttes nationales. Quand les nationalistes obtinrent leur État, le gaélique devint première langue officielle, son enseignement était obligatoire dans les écoles, sa connaissance indispensable pour accéder aux fonctions publiques. Mais les débats, les discours au Dáil, la vie publique et privée, se menaient en anglais. L'enseignement devint celui d'une langue de plus en plus formelle et le nombre de gaélophones diminua rapidement. Pourtant, la langue reste un marqueur identitaire auquel la majorité des Irlandais reste attaché, alors qu'ils ne la parlent plus.

La langue nationale peut-elle résister et se développer grâce

6. Joseph Lee, *Ireland, 1912-1985, Politics and Society*, Cambridge University Press, 1989.

à l'addition d'efforts « individuels », ou seulement grâce à une politique d'État ? Les efforts doivent-ils venir d'en haut ou d'en bas ? Autant de questions qui paraissent incongrues à des nationaux qui parlent leur langue comme on respire, qui trouvent des interlocuteurs partageant la même langue derrière les guichets de l'administration, dans les discours politiques, les émissions de radio ou de télévision, dans les notices explicatives des instruments les plus sophistiqués. Ce n'est pas le cas en Irlande, et du coup, la tendance naturelle est de baisser les bras. À quoi bon tant d'efforts ? La bataille est perdue, l'enjeu est-il si important ? Pour nombre de militants linguistiques, il apparaît que le gaélique est l'âme du pays. Ni le succès des sports et de la musique traditionnels, ni la Rose de Tralee ne remplacent une langue nationale.

Pour les militants républicains du Sinn Fein, l'abandon de la langue nationale par les élites politiques qui ont accepté la partition en 1920 est une preuve supplémentaire de leur « trahison ». Gerry Adams, qui a une vie bien remplie de politicien professionnel, passe donc quelques heures par semaine avec un professeur privé pour améliorer sa connaissance du gaélique. Il écrit en anglais, il parle anglais dans les réunions mais il doit être capable de s'exprimer dans la langue du pays lorsque l'occasion se présente. D'autres font l'effort d'apprendre une langue sans partager les mêmes impératifs politiques. Pourtant, parler irlandais en Irlande, c'est comme soulever une montagne. Dans les bureaux du Bord na Gaeilge, l'accueil, les réponses au téléphone, les conversations entre employés, les notices affichées, sont tous en irlandais. J'arrive, je parle anglais, avec l'impression d'être deux fois étranger dans ce pays. Mais l'anglais a beau être intrus, c'est la langue dominante. J'arrive, et j'impose de fait l'anglais comme langue de communication à mes interlocuteurs bilingues. À Belfast, je rencontre dans un pub un groupe de gaélophones. Ils ont l'habitude de parler irlandais entre eux, et ma seule présence les oblige à parler anglais, y compris entre eux, pour ne pas être impolis.

Jacqueline ni Ferghusa dirige la Gaelscoilena, l'organisation nationale des *Gaelscoil*, les écoles où l'enseignement et la vie scolaire se mènent en irlandais. Avant de la rencontrer, de rencontrer d'autres militants de la langue, j'avais des préjugés. La Ligue gaélique était un mouvement marqué par l'étroitesse nationale et religieuse. L'irlandais devait être la langue d'un peuple pur et simple, et servir d'instrument de protection contre la corruption et les vices « étrangers ». Les hommes et les femmes que j'ai rencontrés à Dublin et à Belfast n'ont pas conforté mes préjugés, ils ont rejeté cet héritage. Le mouvement pour la langue entretient bien entendu des rapports étroits avec la politique et la religion, mais ce sont souvent des liens conflictuels, et les militants que je vois ne sont pas des bigots de la langue, le genre qui se promène avec une kalatchnikov pour vous obliger à leur répondre en gaélique. « Nous avons les moyens de vous faire parler. » Précisément, ils n'en ont pas les moyens, et s'appuyent sur un travail de conviction et de patience, laïque dans son esprit et démocratique par ses moyens. Il s'agit d'encourager le travail volontaire de milliers d'hommes et de femmes et de mettre des compétences et des moyens (faibles) à leur disposition.

Le mouvement des gaelscoils se développe, et les résultats sont assez impressionnants[7]. Comment s'explique cet engouement qui dure et se développe, et n'est pas simplement un feu de paille dans la mesure où chaque nouvelle école créée est le résultat d'un effort opiniâtre et continu ? Le taux de création des gaelscoils a atteint le rythme d'une dizaine par an. Chaque nouveau projet rencontre des résistances locales importantes. Comme la natalité est en baisse et qu'il faut au moins vingt élèves pour ouvrir ou conserver une classe primaire, l'école qui existe voit les nouvelles gaelscoils comme

7. En 1972, il y avait onze écoles primaires, cinq secondaires. En 1981, vingt-quatre, en 1985, quarante-huit, et au dernier comptage, pour l'année 94-95 il y a quatre-vingt-dix écoles primaires, vingt-trois écoles secondaires, fréquentées par 15 560 élèves du primaire et 4 072 du secondaire, qui ensemble viennent de 13 000 foyers.

un concurrent redoutable. Sans compter l'opposition éventuelle du prêtre qui voit d'un mauvais œil l'établissement d'une école qui échappe à son contrôle.

Il faut acheter ou louer des bâtiments, trouver des professeurs assez compétents en irlandais pour enseigner toutes les matières dans cette langue, il faut les payer, payer l'entretien. Il s'agit là d'énormes sommes d'argent. Quand les parents s'organisent pour demander une telle école, ils doivent d'abord contribuer financièrement à sa création, et c'est seulement quand ils ont ainsi « prouvé » que l'école pouvait fonctionner avec un nombre minimum d'élèves que l'État intervient. Ce processus peut prendre de longues années, parfois cinq ou dix ans, et en attendant ce sont les parents qui déboursent pour les études de leurs enfants. Les écoles qui existent en Irlande du Nord sont relativement mieux financées par le Trésor britannique que celles qui dépendent de la république d'Irlande.

Paradoxalement, le combat « traditionnel » pour la langue nationale se nourrit de raisons « modernes ». L'un des motifs avancés par les parents pour se lancer dans l'aventure d'une gaelscoil est le mécontentement à l'égard d'un système scolaire conservateur, étroitement contrôlé par l'Église catholique. Dans le nouvel établissement, le contrôle parental sera plus important que celui du prêtre. Et voilà comment la volonté de laïciser la société, de combattre le pouvoir de la religion et son emprise sur la société civile peut passer par la défense de l'irlandais. Dans le système d'éducation actuel, l'école doit avoir un « tuteur », généralement l'évêque pour un lycée, le prêtre pour l'école primaire. Comme les nouvelles gaelscoils doivent avoir un « tuteur », une autorité morale qui les chapeaute, le patronage de Gaelscoilena les met en conformité avec la réglementation en vigueur.

Les gaelscoils sont catholiques ou multiconfessionnelles. Elles ne peuvent pas être laïques. Il n'y a pas d'école laïque en Irlande, ni dans la république, ni au Nord. Les écoles

« intégrées » de Belfast sont multiconfessionnelles, elles ne sont pas laïques. Dans la république, la règle est que l'État ne peut subventionner que des écoles qui ont un « ethos », une morale, une religion. Le fait que Gaelscoilena procure un système de tutelage est une déclaration politique. L'organisation ne donne pas de conseil, les parents peuvent avoir recours à un tuteur de l'Église catholique, mais elle permet aux parents d'échapper au contrôle clérical, ce qui en soi est une prise de position.

Les laïques français peuvent faire la fine bouche devant ces subtilités : une école religieuse est une école religieuse, point. Mais la différence entre une école catholique et une école multiconfessionnelle est immense du point de vue des parents et des élèves. Dans une école catholique, les cantiques, les prières, la préparation aux différentes fêtes religieuses, l'assiduité aux séances de catéchisme font partie du programme d'activités scolaires. Dans une école multiconfessionnelle, il y a un tronc commun d'enseignement religieux, où toutes les grandes religions sont étudiées. Comme toutes les religions se présentent comme porteuses de vérité universelle, la juxtaposition de vérités universelles peut les rendre relatives, ce qui est considéré comme insupportable par les églises.

À Westport, deux groupes de parents se sont affrontés justement sur ce point. Les uns, majoritaires, voulaient une école multiconfessionnelle. Les autres, minoritaires, voulaient une école catholique et refusèrent de s'incliner. L'administration refuse d'aider le projet tant que les parents ne se seront pas mis d'accord. Jacqueline Ní Ferghusa suit le conflit de près. Elle essaie d'organiser des discussions entre les deux groupes de parents pour le moment irréconciliables. Alors, la situation est claire : c'est la lutte des bigots contre les tolérants, de l'infâme contre les lumières ? Pas du tout. Les parents de Wesport qui veulent une gaelscoil catholique ne sont pas nécessairement « bigots ». Ils peuvent eux aussi vouloir réduire le pouvoir du prêtre de la paroisse sur l'école. La majorité des gaelscoils est catholique et non pas multiconfessionnelle, et l'une des voies de lutte contre le contrôle de l'Église sur l'éducation est de créer des écoles gaélophones et catholiques qui échappent à l'autorité de l'Église. Vous voulez des explications simples, des camps opposés bien distincts ? Impossible. Le mouvement pour l'irlandisation de l'éducation peut s'inscrire dans la laïcisation de la société.

Est-ce un mouvement patriotique ou de fierté culturelle ? Dans le dépliant édité par Gaelscoilena est mentionné le désir des parents de voir l'irlandais survivre et se développer dans les générations futures, leur souhait que les enfants connaissent mieux la culture irlandaise. Les raisons patriotiques se trouvent dans le dépliant, mais pas dans les conversations avec Jacqueline Ní Ferghusa. Elle mentionne seulement le fait que les parents ont de très mauvais souvenirs des leçons de gaélique à l'école qui leur a laissé une relation d'amour-haine avec la langue nationale. Avec une grande lucidité, Jacqueline Ní Ferghusa dit que dans ces écoles, les enfants sont bilingues, et de nombreux parents savent que c'est un grand avantage pour leur développement intellectuel. « Ils seraient tout aussi contents d'envoyer leurs enfants dans une école francophone ou germanophone. » Voilà pour les raisons patriotiques. En fait, il apparaît que toutes les motivations sont d'abord liées à une certaine ambition pour les enfants. Les écoles gaélophones ont une excellente réputation quant au niveau des études. Comparées aux écoles majoritaires, en crise comme partout, les parents trouvent là des enseignants qui sont très motivés, la possibilité qui leur est offerte de participer activement à la vie scolaire, des conceptions éducatives qui laissent une large place à l'initiative des enfants et aux activités périscolaires. Si l'on ajoute à cette ambition le fait que, au début du moins, ces écoles sont payantes, on peut imaginer que le public qui s'y investit appartient essentiellement aux classes moyennes. Mon informatrice ne le pense pas et donne en exemple des classes qui s'ouvrent dans des quartiers populaires à Dublin, Cork, Limerick.

Gaélique du Nord

Dans la république, la question de la langue s'inscrit dans la crise de l'éducation, dans les affrontements politiques sur l'héritage du nationalisme, dans la contestation du pouvoir de l'église catholique. En Irlande du Nord, le gaélique est prisonnier de la coupure fondamentale entre traditions nationaliste et unioniste.

Aoden McPoilin, responsable du Ultacht Trust[8], dont les bureaux se trouvent dans un immeuble commercial de Donegall Place, a été accueilli aimablement par ses voisins d'une entreprise de confection. Quand il a accroché la plaque de son organisation et qu'ils se sont rendu compte qu'il travaillait pour la langue gaélique, ils ne lui ont plus dit bonjour. À part ça, il est optimiste.

L'objectif de son association est de promouvoir la langue gaélique à la fois chez les catholiques et chez les protestants. Question centrale : à qui appartient la langue nationale ? Le même débat, dans les mêmes termes, avait déjà séparé les fondateurs et les militants de la Gaelic League au début du siècle. Certains, comme Douglas Hyde, voulaient une association purement culturelle où les deux traditions pourraient se retrouver. D'autres, comme Patrick Pearse, qui finirent par l'emporter, voulaient faire du combat linguistique une composante du combat national, ce qui chassait de fait les

8. The Ultacht Trust a été fondé en septembre 1989 avec l'aide financière de Rowntree, les chocolats, International Fund for Ireland, Susan Langley Trust, Central Community Relation Unit (£ 250 000), Communauté européenne (£ 500 000), et la république d'Irlande (£ 20 000) par l'intermédiaire de Gael Linn. Parmi les trustees apparaissent les noms des protestants Ian Adamson (historien, l'inventeur de l'origine pré-celte des protestants en Ulster mais qui, n'ayant participé à aucune réunion, sera prochainement rayé des listes), Christopher McGimpsey, unioniste libéral, et Christopher Napier, de l'Alliance Party...

unionistes de la Ligue. Aoden est confiant sur les possibilités de surmonter le clivage historique. Les identités au Nord étaient fondées sur l'affrontement principal entre nationalistes et unionistes. Depuis le cessez-le-feu, la question à l'ordre du jour est celle de la redéfinition des identités sur une autre base. L'Empire britannique, référence majeure des unionistes, n'existe plus. Le nationalisme irlandais tel qu'il s'est figé dans la rhétorique républicaine s'est dissous. Chaque communauté doit dorénavant redéfinir son identité par rapport aux autres communautés et non plus dans sa relation extérieure avec Londres, Dublin, l'Empire, la nation. Aoden me détaille avec passion cet avenir possible qu'il voit déjà se profiler dans le présent. Certains protestants apprennent l'irlandais, veulent se réapproprier le passé celte de l'Ulster, sous la forme écossais-irlandais. Dans le passé, ils ont participé au renouveau du gaélique, à la collecte de littérature celte, des pasteurs presbytériens prêchaient en irlandais. Les unionistes ignorent cet aspect de leur histoire. Aoden a donné des conférences sur le gaélique à des prisonniers loyalistes. Après avoir surmonté la méfiance et l'hostilité initiales (ce ne pouvait être que de la propagande républicaine), il a réussi à provoquer des discussions et de l'intérêt pour son travail. Il mène donc son activité sur la base des principes de son association, et en particulier il cherche des liens avec les unionistes pour leur présenter l'irlandais d'une manière qui ne sera pas perçue comme menaçante pour leur identité. En pratique, cela veut dire aide et financement prioritaire des groupes unionistes qui veulent promouvoir le gaélique, parce que c'est là que l'intérêt pour la langue est le plus faible.

Il n'en reste pas moins que la langue, pour le moment, est propriété politique des nationalistes et ressentie comme une menace par les unionistes, comme une manière supplémentaire de les détacher de la Grande-Bretagne et de les rapprocher du Sud. Même Robin Glendinning, personnalité connue, dont tout le monde sait qu'il est protestant, ne dirait pas dans un pub protestant qu'il apprend le gaélique. Il serait étiqueté républicain. Aoden appartient à une communauté de gaélophones, une quinzaine de foyers regroupés dans un quartier où la communication se fait en gaélique. La langue ne peut être sauvée que s'il y a transmission de génération en génération, ce qui ne peut être assuré que dans la famille, et non pas seulement par l'école ou des activités culturelles. Si cette transmission n'existe pas, la gaescoil doit chaque année recommencer son travail de construction à partir de zéro au lieu de se trouver avec des élèves déjà gaélophones. Mais naturellement, c'est dans Belfast-Ouest que cette communauté s'est constituée. Les gaelscoils - huit en tout en Irlande du Nord - se trouvent dans les quartiers catholiques. Lorsque des groupes unionistes travaillent à recréer un passé gaélique, cet effort ne vise pas à partager une culture commune, mais à « prouver » que les ancêtres des protestants sont arrivés en Ulster avant les ancêtres des catholiques. La langue est encore une arme de guerre. Le gaélique n'y est pour rien. Si l'affrontement existe, les camps en présence utilisent tous les moyens disponibles pour combattre.

Laïcisation

Les deux États issus des conflits du début du siècle s'établirent sur une culture marquée par les divisions sectaires. L'État libre fut fondé sur la religion et l'acceptation de l'influence de l'Église catholique, sur une conception de la culture nationale où langue et littérature jouaient un rôle mythique important, sur le modèle rêvé d'une Irlande rurale et « authentique ». Au Nord, la culture politique dominante refusait de partager les valeurs d'une Irlande catholique et rurale. Les protestants voulaient vivre leur lien avec la Grande-Bretagne et l'Empire britannique, garant des libertés civiles et religieuses, de la réussite économique et du développement industriel. Ces modèles ont été bouleversés en profondeur et les sociétés irlandaises ont perdu leurs repères. La république est une société urbaine, où la religion recule et où l'histoire rêvée fait place à un réexamen critique. Dans le Nord, le lien avec l'Empire est désormais un concept vide de sens, le modèle de développement industriel s'est écroulé. Les valeurs traditionnelles ont longtemps été maintenues en activité par l'affrontement militaire entre les deux camps, un acharnement thérapeutique qui a duré près d'un quart de siècle. Aujourd'hui, il faut débrancher les tuyaux. Avec le cessez-le-feu, il faut inventer d'autres modes de relation et de partage des pouvoirs.

Il reste une seule certitude : l'Irlande géographique est une île située à l'ouest de la Grande-Bretagne. Pour le reste, cinq millions d'Irlandais et d'Irlandaises refusent désormais de se laisser enfermer dans les cases historiques. Le développement industriel, moral, social, politique, impose des changements en profondeur. Ni Dieu, ni César, ni tribun, le monde va changer de base... Nous sommes dans l'une des rares régions du monde où les paroles de l'*Internationale* pourraient encore avoir un sens.

Question : quel est le principal changement dans la république d'Irlande ? Tout le monde répond : la rupture avec le catholicisme romain. La perte d'autorité morale de l'Église catholique est estimée « fantastique », rapide, profonde, étonnante. Cas extrême : David a envoyé une lettre de démission à Jean-Paul II pour protester contre sa politique dans le domaine du contrôle des naissances. « Je ne suis plus catholique », dit cet homme qui a bu mais semble garder des idées claires. Peu se disent « athées ». Ils préfèrent dire « sans religion » ou agnostiques. Ainsi, Sean n'est pas vraiment catholique convaincu, mais il va à la messe le dimanche pour accompagner sa femme qui est une pratiquante fervente. Ses enfants, tous grands, ont renoncé depuis longtemps. Il constate que l'église s'est vidée, et lorsqu'à la fin de la cérémonie chacun doit donner à son voisin le « baiser de la paix » qui clôt la messe, la main tendue rencontre le vide, il faut se déplacer, aller chercher le voisin très loin pour accomplir le rituel de réconciliation et d'amour. Certains distinguent : l'Église catholique a perdu son influence morale en tant qu'institution régulatrice de modes de vie individuels, mais le catholicisme n'a pas perdu son influence. Comment distinguer ?

Cette baisse de l'influence catholique se manifeste dans la crise des vocations religieuses. Le nombre de séminaristes qui se préparent au sacerdoce est en baisse constante ; il n'y a pratiquement plus de jeunes gens ou jeunes filles qui se destinent à la vie monacale. La crise des vocations se révèle physiquement dans le tissu urbain de Dublin. Sur la South Circular Road, le couvent abandonné des petites sœurs des pauvres a été reconverti en appartements. Les Sisters of Our Lady of Charity à Drumcondra ont dû vendre le cimetière adjacent pour payer leurs dettes, et ce fut l'occasion d'un scandale parce que les familles des mortes ne furent même pas prévenues, ni invitées à la cérémonie de transfert des restes. La société irlandaise se laïcise par le bas simplement parce que l'Église catholique ne dispose pas du personnel nécessaire pour être présente dans les lieux qu'elle contrôlait traditionnellement : les hôpitaux, les centres de santé, les organisations charitables, les écoles. Parfois, un seul prêtre joue le rôle de « tuteur » de quatre ou cinq écoles. Brendan Halligan compare férocement l'Église catholique à une armée d'occupation dont les casernes se videraient.

Le plus spectaculaire sans doute est ce qui ne se voit pas, ce que l'on appelle là-bas la révolte dans la chambre à coucher. Les jeunes dans leur majorité se contrefichent des recommandations religieuses. Ils utilisent la pilule, ils ont des relations sexuelles avant le mariage, ils vivent ensemble plusieurs années avant de se marier, pour ceux et celles qui se marient. Les parents renâclaient autrefois, mais ils ont dû se résigner pour conserver des relations normales avec leurs enfants.

Les scandales sexuels impliquant des membres du clergé ont accéléré le processus, en révélant au grand jour que le comportement de la hiérarchie était en rupture avec son enseignement. L'un des plus célèbres est celui de l'évêque Casey, dont le fils âgé de vingt ans en 1993 fut découvert par la presse à la suite d'une demande d'aide de son ancienne maîtresse à laquelle il refusait de répondre. En désespoir de cause, la mère rendit l'affaire publique et écrivit un livre qui fut un grand succès de librairie. L'évêque Casey démissionna et se retira dans un couvent en Amérique latine. Plus grave encore, parce qu'ils ne provoquent pas comme le premier exemple une certaine indulgence dans le public, les crimes sexuels contre les enfants. Les cas se multiplient. Ils ont sans doute toujours existé, mais cette fois les gens osent en parler, la révélation d'un scandale entraîne la révélation de nombreux autres. Le fait que le gouvernement d'Albert Reynolds ait tenté de freiner une enquête sur un prêtre pédophile a provoqué une crise politique majeure et finit par causer la démission du Premier ministre. Le débat sur cette crise au Dail a été télévisé en direct et l'audience a dépassé celle des finales sportives. On comprend dans ces conditions le succès qu'a remporté le film *The Priest*, sur un prêtre homosexuel.

On peut interpréter l'audience et la portée de ces scandales affectant la vie privée de la hiérarchie comme l'indice d'une société profondément religieuse, ce qui n'est pas faux. En même temps, ils indiquent que la hiérarchie n'est plus intouchable. Ce n'est plus l'institution qui règle elle-même, de l'intérieur, silencieusement, les cas litigieux. L'opinion séculière a son mot à dire, et elle le dit. L'Irlande en ces occasions parle du présent, mais elle exorcise aussi le passé. Dans le cas du couvent déjà cité des Sisters of Our Lady of Charity, l'opinion fut horrifiée par la manière de traiter le corps des mortes et tous les grands journaux de Dublin parurent avec de gros titres sur cette information. Mais plus intéressant encore, ce fut l'occasion d'une réflexion publique sur la manière dont les couvents et les institutions religieuses traitaient les vivantes. Des recherches historiques publiées dans des revues confidentielles devinrent des histoires populaires. Les survivantes étaient interviewées, envoyaient de longues lettres à la presse. Le public apprit alors que tout au long du XIXe siècle et jusqu'aux années 50, des milliers d'Irlandaises furent condamnées à l'enfermement et aux travaux forcés à vie, sans jugement, avec l'approbation des familles, de l'Église et de l'État. Ce furent d'abord des prostituées, mais avec le temps on accepta comme pensionnaires toutes sortes de « déviantes » sociales ou morales. Leur « crime » pouvait être simplement d'être orphelines. L'une de ces orphelines fut enfermée dans les années 40 parce qu'elle vivait en compagnie de ses frères. Quand elle atteignit l'âge de seize ans, le prêtre estima qu'elle était en danger « moral » et lui conseilla de rentrer dans le couvent de Drumcondra. En ce temps-là, un conseil du prêtre avait force de loi. D'autres pensionnaires étaient des « inadaptées », des femmes indépendantes et revendiquant leur autonomie pouvaient être placées dans ces établissements par la famille. Les mères célibataires bien entendu, certaines devenues enceintes à la suite de relations sexuelles avec leur père, et l'on retrouve dans les couvents les fiches où le père de l'enfant illégitime est clairement indiqué comme étant le père de la mère célibataire. Ces femmes avaient le choix entre la mendicité, la prostitution ou l'émigration. L'incarcération pouvait alors être considérée comme un moindre mal. Une fois enfermées, elles travaillaient, tissaient, étaient souvent employées dans des laveries, jusqu'à leur mort, enterrées dans le cimetière du couvent, comme à Drumcondra, et quand le couvent eut besoin d'argent, on les chassa de leur dernière demeure. Le plus extraordinaire est que l'on ne leur disait jamais qu'elles avaient le droit de partir. Légalement, elles pouvaient franchir le seuil du couvent et s'en aller. Elles ne partaient pas[9]. Si ces femmes avaient été des Noires, punies à vie pour un crime de jeunesse et utilisées comme main-d'œuvre servile et gratuite, on aurait avec raison parlé d'esclavage.

Le passé revient frapper à la figure. Quelques années après les débats houleux sur la contraception, le divorce, l'avortement, il est légal d'aller avorter en Grande-Bretagne, et en novembre 1995, un nouveau référendum a légalisé le divorce. La rupture avec le passé marche à pas de géants. Dermot Bolger prend l'Espagne comme point de référence. En quelques mois, à peine Franco était-il enterré que l'Espagne semblait l'avoir oublié ainsi que l'atmosphère étouffante du franquisme. L'Irlande a-t-elle oublié son passé, ou refuse-t-elle d'en parler ? Bolger prend l'exemple de la famine : son grand-père refusait de lui parler de cette période, comme s'il en avait honte. Il était admis que les victimes de la famine étaient les plus pauvres, et il est honteux d'être pauvre. Pourquoi les victimes ont-elles honte, comme si elles étaient responsables de leur destin ? Bolger évoque, parmi les « affaires » du passé qui sont ainsi tues et éclatent dans la société comme objet de scandale les pensionnaires récemment déterrées du couvent de Drumcondra. Déterrer est vraiment le mot qui convient. Bolger déterre le passé. Sa dernière pièce, présentée au Peacock, s'appelle *April Bright.* Un couple, non marié, dans l'attente d'un enfant, vient d'acheter une maison. La future mère a déjà fait deux fausses couches et elle est dévorée d'inquiétude sur l'avenir de l'enfant qu'elle porte. La maison est hantée par les fantômes du passé ; une famille, les Bright, et deux filles, Rose et April. Les parents ont perdu un fils et leur fille April est touchée par la tuberculose, à une époque où les soins étaient inaccessibles aux pauvres. Comme ils ne peuvent pas payer l'hôpital et qu'ils ne supportent pas que l'on ait mis leur fille dans un asile pour y mourir, ils la

9. Anne Dempsey, « The Laundry Girls », *The Irish Times,* 4 septembre 1995.

ramènent chez eux, en quarantaine, dans un hangar au bout du jardin où elle ne doit voir personne. Les pauvres ont honte de la tuberculose, une maladie que l'on ne nomme pas par son nom, que l'on appelle « l'interminable putréfaction ». Tout le quartier les fuit, les passants font un détour quand ils doivent longer leur maison. April finit par mourir. Rose, adulte, relie le jeune couple d'aujourd'hui au passé et promet le bonheur aux nouveaux parents. Mais il fallait que le passé fût raconté pour que la nouvelle génération puisse s'installer dans la maison hantée et vivre enfin.

La rencontre entre le passé et le présent est aussi le thème d'un beau roman de Patrick McCabe, *Dead School*, où le passé est fait de religion, de patriotisme et de sexualité refrénée, en la personne du principal, qui littéralement pète les joints lorsqu'il se trouve confronté à la modernité, lorsqu'à la radio son émission favorite, des chansons traditionnelles, est remplacée par un *talk-show* sur tous les sujets auparavant tabous, inspiré sans doute de l'émission de Gay Byrne. Gay Byrne, le présentateur idole, l'interviewer adulé. Le représentant, selon Nuala O'Faolain, de tous ceux qui arrivent dans la société irlandaise urbaine sans aucun capital culturel, sans héritage. À la campagne, les gens ont des traditions, des habitudes ; transplantés en ville, ils ont dû se forger une nouvelle identité. Ils ne pouvaient plus avoir recours à la religion, ou aux sports gaéliques, au syndicat, à la vie et aux coutumes du village. Ces couches modestes étaient sans voix. Gay Byrne a parlé pour eux, il était « l'impresario de l'Irlande cachée[10] ». C'est lui aussi qui présentait régulièrement les cérémonies de la Rose de Tralee.

Les traditionalistes de tout poil, nationalistes et religieux mêlés, résistent. L'ennemi de tous les chrétiens et de tous les Irlandais, c'est l'irreligion, la défense d'une société sans valeurs, mouvement conduit par l'*Irish Times*, suivi servilement

10. Nuala O'Faolain.

par tous les médias. C'est cette offensive contre les valeurs qui provoque le vandalisme, l'angoisse, et le massacre de la vie dans le sein même des femmes[11]. Le sénateur Joe O'Toole condamne l'intolérance des libéraux qui sont en train de détruire le pays. L'évêque Comiskey dénonce aussi « les idées libérales » comme une pensée unique. C'est ainsi, dit-il, que les voix qui s'opposent au divorce sont censurées en Irlande. Le silence imposé à ces opinions transforme les gens en fous furieux. « L'exemple des milices du Michigan », aux États-Unis, devrait être pris comme un avertissement. La campagne du référendum sur le divorce va multiplier ces sombres pronostics sur les catastrophes liées à la libéralisation du pays. Actuellement, dit l'archevêque de Cashel, le Docteur Clifford, le nombre de couples séparés est de quatre pour cent - il est en fait de seize pour cent. Si le divorce est accepté, le pourcentage serait multiplié par au moins cinq. Suit tout un développement « sociologique » sur les comportements des divorcés. Ils fument plus, boivent plus, sont plus dépressifs, sont sujets à l'anorexie ou à la boulimie, ils ont trois fois plus d'accidents de voiture que les personnes mariées et quand ils se remarient, le cas d'abus sexuels sur des enfants est beaucoup plus fréquent. Il propose que le projet de loi constitutionnel sur le divorce soit accompagné du même avertissement que sur les paquets de cigarette : « Le divorce nuit gravement à la santé. » Une sortie qui a été le sujet de plaisanteries multiples. Pourquoi pas des coins « divorcés » et « non divorcés » dans les pubs et lieux publics, comme il y a des coins fumeurs et non-fumeurs ? Ce type de discours semble être d'un autre temps, mais le résultat du référendum a montré sa portée. Que 9 000 voix ont séparé le « non » et le « oui ».

L'éducation secondaire est désormais gratuite. À partir de 1996, la gratuité gagnera l'enseignement supérieur. Tom

11. Lettre à l'*Irish Times*, 26 août 1995.

McIntyre se souvient de sa jeunesse scolaire à la campagne : quatre à cinq élèves « montaient » à l'école secondaire, où ils faisaient déjà partie de l'élite, et de cette élite, un petit nombre poursuivait des études supérieures. La génération des moins de trente-cinq ans est la première génération « normale » depuis la famine. Ils sont sûrs d'eux, ils travaillent à l'étranger, en Europe, aux États-Unis, en Asie.

Dans les rues de Dublin, en bas de Grafton Street, des groupes se donnent rendez-vous auprès de la statue de Molly Malone, à la poitrine généreuse, mais tuberculeuse, qui tire sa charrette et crie *« Cockles and Mussels, alive alive oh ! »*, ou près de la statue de Joyce. On peut suivre dans la ville l'itinéraire de *Ulysse* dont les traces sont inscrites dans les rues sur de petites plaques de cuivre où le roman s'éparpille en citations qui indiquent sa progression géographique. La censure des écrivains n'est plus qu'un vague souvenir. La dernière censure un peu bruyante fut celle du livre de Madonna et surtout de ses illustrations, car la censure vise toujours à protéger le peuple du bas des turpitudes des gens d'en haut. Vous pensiez bien que les Irlandais des classes moyennes urbaines ont toujours pu lire Joyce ou D. H. Lawrence. Mais censurer ces auteurs, c'était les rendre inaccessibles dans les bibliothèques des petites villes. De même, les images aujourd'hui sont dangereuses parce qu'elles peuvent influencer même ceux qui ne lisent pas. Un journal à scandale, *Ireland's Daily Sport*, est interdit, il comporte des histoires de scandales sexuels, des photos de femmes nues. Certains protestent : il n'y a plus que dans les pays musulmans que l'on interdit les livres de Madonna. Mais franchement, ce n'est pas sous-estimer la censure et ses dangers pour les libertés que de constater que c'est un sujet qui n'intéresse plus personne. En Irlande aujourd'hui, on lit ce que l'on veut, on regarde ce que l'on veut. Il n'y a pas de cinéma pornographique dans les rues de Dublin, mais qui s'en plaint vraiment, à l'époque des cassettes vidéo et des satellites ? La rupture s'est faite.

C'est le vingtième anniversaire de la mort de De Valera. Fintan O'Toole était étudiant quand le Vieux est mort. La nouvelle lui est parvenue dans un pub du comté Mayo. Avec ses amis étudiants, il blaguait : « Typique du Vieux de mourir pendant les vacances scolaires pour nous éviter une journée de congé. » Pendant qu'ils plaisantaient ainsi sur le sujet, ils remarquèrent trois hommes âgés assis à une table de formica avec trois pintes de Guinness devant eux. Ils étaient en train de pleurer silencieusement. Pour ces jeunes étudiants, la mort de Dev était une libération. Pour ces vieux, la vie du vieux chef était liée à la mémoire de la libération du pays. Pour la génération des étudiants de 1975, Dev représentait tout ce dont ils souhaitaient être libérés. Pour eux, il représentait la liberté conquise. Du rêve de De Valera : une Irlande rurale, catholique, autosuffisante, parlant gaélique, rien ne s'est réalisé, mais son existence a suffi pour imposer à l'État indépendant un poids, un contrôle social par le haut et par le bas, qui était ressenti comme une chape de plomb surtout par tous ceux qui voulaient s'en échapper. Pour beaucoup d'autres, qui partageaient les valeurs fondamentales de cette société profondément catholique, il reste des souvenirs pas déplaisants sur une vie structurée par la famille, la communauté religieuse, le quartier. On se dispute sans cesse sur les souvenirs, pour moi c'était bien, pour moi c'était l'horreur. La Rose de Tralee, les jeux gaéliques, les carnets de prison, le musée de Kilmanhaim, conservent une image cosmétique du passé. Pour d'autres, De Valera était une figure sans sexualité d'une société où le sexe était tabou. O'Casey l'avait déjà dit à sa manière dans *La Charrue et les Étoiles* en plaçant une prostituée dans un bar le jour de la grande insurrection de Pâques 1916. Tom McIntyre le redira cinquante ans après l'insurrection, dans une nouvelle de 1966, *Aspect of the Rising*, où une prostituée, sur le point de recevoir un client, invective « l'Espagnol ». « Quels œufs monstrueux es-tu en train de couver entre deux prières ? » Tom McIntyre a écrit une pièce sur Michael Collins parce que, selon lui, c'était à la fois un génie politique et militaire, et un don Juan. Contrairement à Dev, il savait ce qu'était le plaisir sexuel.

Ellen Hazelkorn dit que la rupture avec les valeurs traditionnelles (patrie et religion) doit être relativisée : elles sont là près de la surface, toujours prêtes à s'enflammer. Nous déjeûnons au sommet du centre commercial tout neuf de Saint-Stephens, luxueux, lumineux, avec des décorations en entrelacs de fer forgé peint en blanc qui donne l'impression que nous sommes à l'intérieur d'un gâteau de mariage. Comment les valeurs traditionnelles peuvent-elles s'enflammer dans un tel endroit ? Il y a partout des tuyaux d'arrosage prêts à déverser des tonnes d'eau sur la moindre étincelle.

Il n'y a plus d'écrivains irlandais

Le patron du *Winding Stairs* est un ami de Dermot Bolger. Son établissement est une librairie-cafétéria qui donne sur la Liffey. Il lui a prêté les locaux pour son mariage, et Dermot est ici chez lui. Il arrive en jean, chemise, pull, l'air d'un ouvrier de la ville, ou peut-être l'air d'un écrivain qui ne veut pas s'habiller en écrivain. Surtout pas en écrivain irlandais. Est-ce une question de génération ? Tom McIntyre était habillé en écrivain irlandais : bonnet de laine, barbe rousse, souvenirs de voyages à l'étranger, maison dans la campagne profonde. Dermot Bolger habite Drumcondra, un quartier moyen, ni la campagne ni les quartiers excitants de la capitale. Il a loué un bureau dans un immeuble commercial où travaillent des informaticiens. Il aime bien cette idée d'être un salarié comme les autres. Il arrive à neuf heures du matin, part à cinq heures du soir, comme les autres colocataires. Comme eux, il passe sa journée devant son écran, une vraie journée de travail, cinq jours par semaine. Pense-t-il qu'il y a coupure entre les écrivains dublinois, urbanisés, et les écrivains non dublinois ?

Non, il ne le pense pas. Peut-être plus entre les écrivains qui vivent à l'étranger et ceux qui résident ici. À l'étranger, la nationalité est gravée sur la carte de visite. Le succès de John Banville ou de Roddy Doyle a créé une énorme demande de la part des éditeurs anglophones qui sont tous à la recherche de la prochaine révélation. Bolger n'aime pas qu'on l'étiquette écrivain irlandais, surtout pas typique, ah ! non surtout pas ça. Il n'aime pas qu'on l'étiquette non plus écrivain de Dublin North. Dublin North est devenu un cliché, avec sa population ouvrière pauvre, mais pleine de chaleur et de solidarité, avec un langage authentique, un cliché, comme les paysans de l'Ouest étaient devenus un cliché dans la littérature du XIXe siècle. Alors, faites-moi un roman où vous parlerez des ouvriers de Dublin. « Un écrivain est capable d'inventer des histoires et des personnages pris dans les milieux supérieurs, parce que l'usage est de singer les gens d'en haut, de les prendre pour modèles » dit Bolger. Mais il est impossible d'inventer des histoires et des personnages d'en bas, si l'on n'est pas parti d'en bas. Ça sonne faux, artificiel.

Où sont les écrivains irlandais maudits, censurés, pauvres, exilés ? Comme les autres, ils voyagent, ou pas, ils racontent des histoires, certaines se passent en Irlande, d'autres ailleurs, d'autres encore nulle part. Ils ne se placent plus dans la tradition de Yeats, celle de minoritaires éclairés qui apportent la lumière au peuple, lui révèlent son histoire, forgent l'âme du pays. Hier, on pouvait distinguer des groupes cohérents : certains chantaient les révoltes de leur peuple, ou se rebellaient contre une société conservatrice. Ils étaient adulés ou censurés. Aujourd'hui, un écrivain irlandais est défini par son appartenance à Aosdana.

Dans les années 50 et 60, un certain nombre d'écrivains connus vivaient de l'assistance publique et ce fait était ressenti comme une insulte au pays. D'autres étaient censurés, et s'ils n'avaient pas de marché à l'extérieur, la censure les empêchait réellement de vivre. C'était la belle époque des écrivains maudits. Anthony Cronin, conseiller culturel du Premier ministre Charles Haughey, écrivait une chronique régulière dans l'*Irish Times* où il défendait avec vigueur l'idée de donner aux écrivains un minimum vital. Colm O'Brien, dirigeant de l'*Arts Council*, croyait aussi à la nécessité d'un revenu régulier assuré aux écrivains, mais en y ajoutant l'idée d'une institution. Aosdana est né de cette rencontre[12].

Aosdana fut créé en 1981, avec l'objectif d'honorer les artistes dont l'œuvre est une contribution essentielle aux arts en Irlande et d'aider ses membres à consacrer toute leur énergie à leur art. L'institution compte statutairement deux cents membres au maximum, pris dans différents domaines (littérature, musique, arts plastiques). Elle s'adresse clairement aux créateurs dans le domaine des arts et lettres. Les universitaires, les critiques, les interprètes et comédiens n'y ont pas accès. Les membres doivent être nés en Irlande ou y avoir résidé pendant au moins cinq ans, et avoir au moins trente ans, être proposés par deux membres d'Aosdana, et ensuite élus par les membres de la même discipline. En mars 1994, il y avait 149 membres. Un effort est fait pour qu'il y ait plus de femmes et plus d'écrivains en gaélique. On ne peut pas élire plus de cinq membres dans une année pleine. 84 de ces membres reçoivent, après vérification de leurs ressources, une bourse annuelle de huit mille livres par an, dans le but de les maintenir en situation de travailler à leur art à plein temps. La liste de ces 84 n'est évidemment pas publique[13]. Les fonds proviennent de l'Arts Council, organisme indépendant de l'État, comme la BBC en Grande-Bretagne.

12. Colm O'Brien est actuellement le conseiller de Michael D. Higgins, ministre de la Culture et du Gaelteacht.

13. Parmi les membres : John Banville, Sebastian Barry, Dermot Bolger, Margaretta d'Arcy, Seamus Deane, Brian Friel, Seamus Heaney, Jennifer Johnston, Neil Jordan, Thomas Kilroy, Michael Longley, Tom McIntyre, Bernard Mac Laverty, Derek Mahon, John McGahern, Frank McGuinness, Brian Moore, John Montague, Nuala Ní Dhomhnaill, Francis Stuart. (Sources : *Aosdana*, Dublin, 1993 et Art Matters, *Arts Council Information Bulletin*, n° 17, Dublin, mars 1994. Aussi, entretien avec Lar Cassidy, *litterature officer* d'Aosdana.)

Être inscrit sur la liste des membres est important : c'est être reconnu par ses pairs comme éminent dans son domaine. Mais il n'y a ni police culturelle ni politique culturelle. Cette réponse s'adresse à une question malveillante où j'évoquais les unions des écrivains des anciens pays socialistes où le fait d'être membre assurait un minimum matériel, même pour des hommes et des femmes qui n'écrivaient plus une ligne depuis longtemps ; où ne plus partager les valeurs du socialisme pouvait entraîner l'exclusion. Non, pas du tout. « Contribution éminente à la culture irlandaise » ne signifie pas que l'on pousse les écrivains à être irlandais. John Banville est plus dans la tradition postmoderne de Joyce ou Beckett et il est membre d'Aosdana. Ce qui signifie que les relations aujourd'hui entre État et écrivains sont harmonieuses, l'adjectif signifiant peut-être inexistantes. Pendant la renaissance littéraire, les relations tumultueuses entre écrivains et groupes politiques témoignaient d'une lutte pour le pouvoir de groupes sociaux. Aujourd'hui, les écrivains n'aspirent à aucun pouvoir politique, à aucune influence politique.

L'Irlande est un pays où un écrivain est assuré de ne pas mourir de faim, de pouvoir continuer à vivre, c'est-à-dire à écrire, il n'a pas besoin de prendre une second métier. Le gouvernement lui paye le loyer et un minimum vital. L'Irlande veut-elle effacer un lourd passé de contrainte et de censure par une prime matérielle ?

Charles Haughey était déjà celui qui avait rendu l'Irlande accueillante aux écrivains et aux artistes en général en leur promettant l'exonération de tout impôt sur leurs droits s'ils s'installaient dans le pays. Cette mesure attira surtout des écrivains riches, surtout américains, mais aussi d'autres pays d'Europe. Aosdana va plus loin et vise à donner un statut aux écrivains irlandais. On pourrait comparer ces primes à des dommages de guerre que l'on donne aux victimes ou à leurs héritiers pour s'excuser du mal que l'Histoire leur a fait.

Le Nord est une culture

Belfast, le 7 septembre 1995, huit heures et demie du matin. Les écoliers vont à l'école, les étudiants vont étudier, les gens qui ont du travail vont travailler. Il fait beau et tout respire le calme sinon la volupté. Je pense au film de David Lynch, *Blue Velvet.* Après le drame, les tueries, les tortures, le sang, le sadisme, la petite ville où le drame s'est produit brille à nouveau sous le soleil, les enfants jouent sur le gazon, la vieille dame promène son chien, le pompier passe en saluant et en souriant. Mais sous le gazon, se rappelle le spectateur, la même guerre se poursuit, les forces souterraines s'entretuent. La paix apparente n'est-elle qu'un décor de film que tout à l'heure les machinistes vont démonter en laissant l'horreur habituelle à nue ?

En Irlande du Nord, les initiales PP ne signifient plus *Parish Priest,* le curé de la paroisse, mais *Peace Process,* le processus de paix. L'Irlande se sécularise.

Langue, religion, territoire, les deux communautés en présence et en conflit connaissent leurs repères. Le cessez-le-feu n'est pas la paix. Tant que la paix ne s'est pas installée, ces repères seront des armes, des frontières, des matériaux pour barricades, des pierres à lancer, des insultes à recevoir, des territoires à marquer. Belfast n'est plus en guerre. Les soldats ne patrouillent plus, les policiers ne fouillent plus les sacs à l'entrée des centres commerciaux, on ne voit plus et l'on n'entend plus l'hélicoptère survoler et surveiller la ville. Mais la suspension des armes n'est pas la paix, c'est-à-dire une situation où les seules armées acceptables sont celles qu'une population demande pour la protéger et assurer la sécurité des biens et des personnes, les autres porteurs d'armes étant considérés par tous comme des délinquants qu'il convient de dénoncer. Si ce n'est pas la paix, et que ce n'est plus la guerre, alors il reste une situation de guerre froide où les armées inacceptables en temps de paix sont acceptées comme protection d'un danger potentiel.

Bill est sur un canapé. Il est ivre. Comme beaucoup d'hommes jeunes à Belfast, il passe sa soirée avec des amis à boire et à fumer des joints. Comment est-ce que j'aurais pu reconnaître Bill simplement dans un pub ou dans la rue ? Il existe à des dizaines de milliers d'exemplaires. Il n'a pas de travail, il est protestant. Il soulève sa manche de chemise, et sur son bras droit sont tatouées les initiales UVF et LPOW. *Ulster Volunteer Force* et *Loyalist Prisoners of War*. Il regrette, dit-il, les six années passées en prison pour des raisons qu'il ne précise pas et que personne ne lui demande. Deux ans avant de sortir, il avait déjà décidé de renoncer, de quitter « l'organisation ». Ivre, il répète, sur un ton monocorde : « Tout le monde est pareil, papiste ou protestant, ça ne valait vraiment pas la peine. » La peine de quoi ? En même temps, il s'adresse aux présents : « T'es un papiste, toi ? ou un protestant ? Ou un putain de communiste ? » D'autres jeunes de Belfast se sont tatoué les trois couleurs du drapeau nationaliste et maintenant voudraient bien s'en débarrasser. Qu'est-ce qui est le plus dur, démilitariser les paramilitaires ou effacer des tatouages ? Pourquoi ont-ils ainsi voulu marquer leur corps de leur engagement politico-militaire ? Qu'est-ce qui pouvait bien les pousser à se tatouer et à révéler ainsi, à qui voulait bien le voir, la police qui les arrêtait, ou les filles avec qui ils passaient la nuit, qu'ils étaient des paramilitaires ou souhaitaient passer pour tels ?

Les pourparlers de paix s'enlisent. Déposez les armes, nous discuterons avec vous. Les républicains répondent que les armes en Irlande du Nord sont surtout britanniques. En attendant, sous le gazon du bel été irlandais grouillent les cruautés ancestrales. Les paramilitaires ont renoncé à l'emploi des armes contre les ennemis déclarés, mais continuent à utiliser la force pour tenter de résoudre les problèmes sociaux, dans la logique implacable qui tente, depuis les temps immémoriaux, et parfois, hélas ! avec succès, de résoudre les tensions en en supprimant les symptômes. Les uns et les autres meublent leurs loisirs forcés en chassant les dealers de drogue ou les voleurs de voiture dans les quartiers dont ils se sont adjugé la charge, en les punissant de rotulage (une balle dans la rotule) ou de tibiatage (un coup de batte pour casser la jambe), des événements encore courants à Belfast, mais dont on parle peu ou pas du tout parce qu'ils se passent à l'intérieur des communautés et ne font donc pas partie de la Grande Guerre.

Le vrai dialogue, une vraie solution, durable, implique que chacune des traditions modifie en profondeur ses idées reçues, ses conceptions identitaires, fondées historiquement sur l'affrontement. La remise des armes et leur neutralisation ne sont qu'un aspect de cette évolution nécessaire. Il faut d'abord neutraliser les esprits militarisés. Ce n'est pas encore le cas. Une situation de paix est celle où les victimes d'un camp sont les victimes de tous. L'un des signes les plus nets de l'évolution de la situation en Afrique du Sud est la couleur des enterrements : il y avait des enterrements noirs, des enterrements blancs, aujourd'hui, la couleur a viré vers le gris, blancs et noirs mêlés. En Irlande du Nord, jusqu'en 1995, les enterrements étaient toujours verts d'un côté, orange de l'autre. Orange plus vert, ça fait quelle couleur ? Hélas, ce ne sont pas des couleurs primaires, elles se mélangent mal. La condamnation de la violence dépend encore trop souvent de l'appartenance de l'auteur des violences plutôt que de l'acte lui-même.

La mécanique ne peut être brisée que si cessent les reproches mutuels, les récriminations. Par la reconnaissance officielle dans chaque camp que la raison ne lui appartient pas, que peut-être les torts sont partagés, et que des actes innommables ont été perpétrés qui doivent être nommés comme tels par ceux qui les ont commis. Un premier exemple de cette possibilité nouvelle a été donné par le communiqué des paramilitaires protestants au moment où ils ont décidé le cessez-le-feu, suite à l'IRA, en octobre 1994. Ils ont demandé pardon pour les violences qu'ils ont infligées aux catholiques et dont a pu souffrir leur propre communauté. Ce furent là des paroles nouvelles, inédites. Gerry Adams a timidement indiqué qu'il éprouvait de la peine pour les souffrances infligées par les républicains à la population civile. L'archevêque de Canterbury a parlé du rôle de l'Église anglicane dans la conquête impérialiste de l'Irlande par la Grande-Bretagne. Le primat de l'Église d'Irlande, l'archevêque d'Armagh, le Docteur Eames, a nommé, décrit, parlé, condamné, le rôle de l'Église anglicane pendant la famine, dont certains représentants ont utilisé le drame de la faim pour tenter de convertir des catholiques en échange d'un bol de soupe. L'État britannique est resté totalement silencieux sur la responsabilité historique de la Grande-Bretagne dans ses relations avec l'Irlande. Bien plus, dans les dernières années, c'est toujours à reculons et avec le plus grand mal qu'il a reconnu, par l'intermédiaire de ses juges, que des conduites inqualifiables, des erreurs judiciaires, des mauvais traitements de prisonniers, ou des assassinats sommaires, ont été infligés à des citoyens d'Irlande du Nord.

La libération des prisonniers soulève les mêmes questions. On sait bien que des deux côtés, parmi ces prisonniers il y a des responsables de meurtres. Les victimes disparues ont laissé leur famille et leurs proches en deuil inachevé. Celles qui ont survécu portent la mémoire des actions terroristes dans leur corps mutilé. Nous savons aussi qu'il ne s'agira pas de continuer de « punir » ceux qui les ont commis, mais que la paix passera nécessairement par un processus d'amnistie. Pour que cette amnistie soit supportable par les anciennes victimes, il faut qu'elle s'accompagne d'un récit des événements, d'une mémoire des horreurs. Comme on dit en Afrique du Sud : amnistie sans amnésie. Les victimes disent, comme toutes les victimes d'autres conflits : pour pardonner, il faut que les criminels regrettent leur geste, disent un mot, un seul : « pardon. » Elles ne pourront pas pardonner ceux qui ne le leur demandent pas. Si les politiques ne ressentent pas impérieusement la nécessité de ces changements, peut-être les intellectuels pourraient-ils contribuer à la réconciliation dans le domaine de l'imaginaire ?

Les historiens sont aux premières lignes. « C'est lui qui a commencé » est la première déclaration historique qui justifie la guerre. Déclaration qui n'a pas de sens : il suffit de changer les termes de référence chronologique pour que les réponses varient. En 1970, l'IRA pouvait dire que l'UVF avait tué trois personnes en 1966, mais l'UVF de 1966 justifiait son action par la campagne de l'IRA des années 50, et ainsi de suite jusqu'à 1690, Cromwell, les massacres de 1641, les premières invasions anglaises[14]. La mémoire que nous étudions est une mémoire vive, comme nous disons en langage informatique. Nous ne pouvons pas imprimer votre texte, dit l'ordinateur, parce que la mémoire est insuffisante. Nous ne pouvons pas faire la guerre, disent les combattants, quand la mémoire est insuffisante. Les républicains et les loyalistes cherchent dans le passé leur légitimité présente, les uns pour changer, les autres pour justifier le statu quo.

Les travaux de la commission Opsahl[15] montrent bien la persistance de la mémoire collective comme composante du conflit. Dans la discussion des travaux de la commission soumis à deux assemblées de lycéens, à Derry et à Belfast, la drogue, le sexe, le chômage, l'émigration, ne provoquèrent guère de débat (car ils n'étaient pas indicateurs de frontières), alors que la loi et l'ordre et l'identité culturelle provoquèrent

14. Steve Bruce, *The Edge of the Union, The Ulster Loyalist Political Vision*, Oxford University Press, 1994, p. 7.
15. Andy Pollack (sous la direction de), *The Opsahl Report on Northern Ireland*, Dublin, The Lilliput Press, 1993. Une commission présidée par Torkel Opsahl a recueilli auprès de trois mille individus d'Irlande du Nord les opinions sur les solutions possibles, entre mai 1992 et juin 1993.

les passions[16]. La commission note que les protestants ignorent leur propre histoire et ont le sentiment en général que l'Histoire est utilisée contre eux. Ils ont tendance à conserver en mémoire les événements dont ils ont été les victimes et à oublier le reste. C'est pourquoi, dans ses propositions, la commission Opsahl recommande de remplacer l'Histoire qui divise par une Histoire qui rassemble[17].

J'ai des doutes sur les vertus curatives et pacificatrices de l'histoire « authentique ». L'histoire est partie intégrante de l'« identité[18] » et devient facteur de mobilisation politique. L'histoire mythologique ne peut être discutée. Elle s'est construite à partir de « valeurs » non négociables[19]. La nation éternelle a des droits supérieurs aux lois et aux majorités électorales. Les gens ne font pas partie d'une ethnie ou d'une nation parce qu'ils parlent la même langue, partagent une religion, mais parce qu'ils partagent une volonté politique qui les conduit à la création de valeurs culturelles communes. De même, c'est d'abord une volonté politique qui conduit à remettre en question cette histoire créée, qui conduit à la « révision » de cette histoire. La crise des valeurs fondatrices n'est pas le produit d'une évolution « naturelle » des systèmes de valeurs, elle est toujours liée aux évolutions politiques, c'est-à-dire à l'évolution des groupements d'intérêts et de leur stratégie de pouvoir. En Afrique du Sud, le Broodersbond, équivalent de l'ordre d'Orange, s'est ouvert aux femmes et aux Noirs. Ce n'est pas suite à des révisions historiques. C'est pourquoi l'idée que la révision de l'Histoire, la diffusion d'une histoire « authentique » peut aider à la solution du conflit me semble une fausse bonne idée. Cette révision est déjà le signe

16. *The Opsahl Report*, p. 178.
17. *Ibid.*, recommandation 4.7, p. 122.
18. Catherine Maignant, « Représentation du temps et élaboration identitaire », *Études irlandaises*, nº XIX-1, nouvelle série, printemps 1994, p. 109-119.
19. Burton, *Conflict : Resolution and Provention*, Londres, Macmillan, 1990.

de la volonté politique de passer de la confrontation militaire au débat politique.

Les romans, la poésie, le théâtre créent un espace où ce qui se dit encore en silence peut acquérir droit de cité. Les négociations sont difficiles parce qu'elles mettent en cause les structures identitaires profondes et que personne ne sait de quoi demain sera fait. Dans les bars où les hommes parlent lorsqu'ils sont ivres et se demandent comment arracher leur tatouage. Dans les bureaux d'aide psychologique, où les ruptures s'expriment dans la souffrance. Depuis le cessez-le-feu, la clientèle du centre d'aide psychologique dont la responsable est Mina Wardell commence à changer. Mina reçoit un nombre croissant de paramilitaires et de militaires (des hommes d'armes en uniforme ou sans uniforme, armée de l'ombre ou armée de lumière), qui viennent raconter ce qu'ils ont fait, se confessent, se mettent à pleurer. Des hommes qui pleurent. Le cessez-le-feu les a châtrés. Ils sont devenus des femmes, ils n'ont plus de raison d'être, ils pleurent. Ils apprennent là, dans le silence d'un bureau d'aide psychologique, à dire « Je regrette ». C'est difficile à dire, *« I'm sorry »*. Mina et son équipe contribuent ainsi, dit-elle, à démilitariser les esprits. Elle réintègre ou contribue à réintégrer les militaires dans la vie civile. Mais les hommes qui viennent la voir, c'est parce qu'ils ont déjà décidé de quitter la vie militaire, et ne savent pas bien comment effectuer cette rupture ? Donc, leurs camarades doivent les considérer comme des fuyards, des lâches, des traîtres. Apparemment pas. Mina ne rencontre pas d'hostilité de la part de leurs camarades d'armes ou de leurs chefs. Au contraire, ils lui sont reconnaissants de faciliter le passage à ceux d'entre eux qui ont décidé de renoncer. « Et puis, dit-elle, imagine-t-on un policier aller raconter ses problèmes psychologiques à un supérieur hiérarchique, ou lui exprimer des remords pour telle ou telle action passée ? Non, pour regretter, pour pleurer, il faut poser sa tête, métaphoriquement, sur la poitrine d'une femme. » La femme est le repos du guerrier, mais elle continue après la guerre d'être le soutien moral des démobilisés, des mutilés, des traumatisés.

Parce que le passage à la vie civile est difficile pour ceux qui étaient engagés corps et âmes dans la guerre. Prenez les officiers de police et les membres de l'ex-Ulster Defence Regiment (UDR). Pendant les troubles, ils faisaient des heures supplémentaires, parfois des semaines de cent heures. Maintenant, depuis le cessez-le-feu, on arrive à peine à les occuper une semaine normale. On les utilise pour donner des leçons de sécurité routière dans les écoles ou pour accompagner les femmes chez elles après l'heure de fermeture des pubs. Ils n'étaient pratiquement jamais chez eux, et d'un seul coup, ils réintègrent une vie normale avec des horaires qui leur permettent d'être chez eux le soir, et les fins de semaine. Pendant les vingt-cinq ans qu'a duré la guerre, pendant qu'ils patrouillaient les rues et les routes de campagne, qu'ils guettaient les terroristes, les femmes se sont occupées de la maison, ont élevé les enfants qui maintenant sont grands, elles ont été les seules maîtres à bord. Elles admettent mal le retour du soldat, ses conseils, ses ordres, ses récriminations, les chaussettes qui traînent et les mégots. Elles ne veulent pas renoncer à leur autorité acquise, à leurs responsabilités. Elles ne supportent plus la présence permanente des hommes à la maison. Les enfants, qui étaient tout petits, sont devenus des adolescents, ils reconnaissent à peine le père qu'ils voyaient par éclipses, et ne supportent pas plus ses ordres. D'où des tensions psychologiques très fortes, des familles qui se défont, et des hommes et des femmes qui se retrouvent chez Mina pour demander de l'aide pour affronter ces situations nouvelles.

Aucun discours politique ne rendra compte de ces confessions. L'ineffable peut se retrouver dans l'imaginaire. La chaîne de télévision irlandaise (RTE) a diffusé une comédie écrite sur deux familles de Belfast depuis le cessez-le-feu : *Deux cessez-le-feu et un enterrement.* Deux familles, une loyaliste, une républicaine. Chacune comprend des paramilitaires qui s'ennuient. La jeune fille de la famille catholique, ayant l'impression que les temps ont changé, ramène chez elle un nouveau petit ami, un policier de la *Royal Ulster Constabulary*. Horreur dans les deux familles. Mais les temps ont effectivement changé : les deux jeunes décident de se marier. Le jour des noces, les deux côtés sont réunis. L'orchestre, dans un souci œcuménique, décide de jouer les deux hymnes nationaux : l'irlandais et le britannique, *The Soldier's Song* et *God Save the Queen*. Selon la musique, les uns se lèvent, les autres pas. La bagarre commence et devient générale, pendant que l'orchestre continue de jouer de la musique « neutre », genre pop et rock. Une femme se lève, se précipite sur les combattants en hurlant « Cessez de vous battre, cessez de vous battre ! » Puis, image finale, elle parle à la caméra et lance un grand coup de batte dans l'écran de télévision qui se brise : « C'est à vous que je parle aussi ! » C'est une comédie qui manque de finesse, avec des plaisanteries et des moyens assez grossiers, mais compte tenu des circonstances, elle ne manque pas de courage, et elle a beaucoup fait rire. Plus important, elle a fait parler.

Il faut parler, qui parle parle pour tous. Tous ont sur ces vingt-cinq années des sentiments diffus ou clairs de responsabilité et de culpabilité, victimes ou non-victimes, acteurs ou spectateurs passifs. Tout le monde est prisonnier de la violence de son histoire[20]. Tout le monde a été capable à un moment ou à un autre de s'identifier avec des paroles et des actes de paramilitaires. La pièce de Graham Reid, *Lengthening Shadows*, jouée au Lyric de Belfast, parle à tous, à travers la dramatisation de quatre générations d'une famille protestante. Noel Sloan est le patriarche, il a servi l'Empire britannique pendant les deux guerres mondiales, et compare souvent les paramilitaires d'aujourd'hui au militaire qu'il était, il estime qu'il a fait son devoir mais que les combattants

20. New Ireland Group, *Arms, Victims, Peace*, Belfast, 1995.

d'aujourd'hui sont des voyous. Son arrière-petite-fille, Janet, aime un catholique et elle a décidé de l'épouser. Ses deux petits-fils, John et Jimmy, ont tous les deux été paramilitaires protestants dans les années 70. Ils n'en ont parlé à personne, en tout cas pas à leur famille, et ce souvenir, ainsi que leurs mensonges, les rongent. La question qui est adressée à eux, et à tous les spectateurs, est : « Papa, qu'as-tu fait pendant la guerre ? » Ils ne l'ont pas dit, ils le disent maintenant, avec difficulté et sous pression. Le ménage de John et Carol, les parents de Janet, se défait : vingt-cinq ans de mensonge, c'est trop à supporter. Quant à Janet, ses perspectives de mariage s'écroulent. Comment pourra-t-elle épouser un catholique, elle, la fille d'un tueur de *taigs* ?

La guerre faisait du mal, provoquait des souffrances, mais les dégâts étaient répertoriés, référencés, étiquetés, reconnaissables. Le bien et le mal apparaissaient clairement. La paix est déstabilisatrice. L'ennemi était la base principale de la construction des identités. Si l'ennemi disparaît, sur quoi vont-elles se construire ? Les années qui viennent ne seront pas faciles. Une campagne de publicité omniprésente dans les affiches sur les murs de Belfast, dans les spots publicitaires, célèbre l'harmonie retrouvée, les paysages d'Irlande, les loisirs, les jeux, les amitiés, avec le slogan : « Et si c'était toujours comme ça ? » On voit sur une plage, au coucher du soleil, deux enfants qui jouent, courent, se battent, se réconcilient et échangent des objets précieux : l'un donne à l'autre une croix celte, l'autre lui fait cadeau d'un badge loyaliste. C'est joli, c'est émouvant, c'est efficace, autant que l'élection de la Rose de Tralee.

Cet article a été écrit à partir d'entretiens, faits et informations recueillis en Irlande pendant les mois d'août et septembre 1995. Je remercie surtout tous ceux qui m'ont accordé généreusement de leur temps, et dont je n'ai pu mentionner les noms ici.

Maurice Goldring

Nuala Ní Dhomhnaill

4. *Irlande du Sud*

Cé leis tu ?
À qui appartiens-tu ?

Nuala Ní Dhomhnaill

Du Lancashire au Kerry, de Dublin à Istanbul : un parcours insolite et en même temps « typique ». Histoires de déracinement et d'émigration, puis d'une rupture définitive avec une société conformiste et répressive. Mais histoires aussi d'un retour au pays qui ne s'achève jamais, si ce n'est que parce que ce pays n'existe peut-être plus... sauf dans la langue gaélique, millénaire et toujours à réinventer. Comment la poésie peut sauver une vie. Et comment l'Irlande, qui hait tant les femmes, en a besoin pour être sauvée.

Ayse, ma fille de onze ans, m'a posé récemment une question difficile : « Maman, me dit-elle, tu sais toutes ces vieilles histoires sur Cù Chulainn, Déirdre et la Branche Rouge et tout ça, est-ce qu'elles sont vraiment vraies ?

- Tu veux dire, est-ce qu'elles ont vraiment existé ?

- Ouais, elles se sont vraiment passées ou c'est seulement des histoires ?

Je suis restée perplexe, je l'avoue. J'ai tenté une explication :

- Eh bien, pour commencer, elles ont été écrites comme des histoires plusieurs centaines d'années après être arrivées, donc avec beaucoup de changements. Comme si tu essayais de raconter dans vingt ans comment tu t'es cassé le bras à onze ans...

- Mais j'ai tout écrit dans mon journal, je n'aurais qu'à regarder.

- Imagine que tu aies perdu ton journal entre-temps. Plein de choses se perdent, par exemple le journal que j'ai tenu pendant cinq ans en pension, des cahiers de brouillon scotchés ensemble...

- De toute façon, personne ne pourrait les lire avec ton écriture.

- Ah ! pardon, mon écriture était bien meilleure...

- Réponds, maman, réponds. Est-ce que ces trucs dans les vieilles histoires, le Táin et tout ça, sont vraiment arrivés ?

Soudain saisie d'une inspiration, je me suis accrochée à un fétu de paille :

- Quoi qu'il en soit, il y a une chose que l'on sait : ça s'est passé à Eamhain Macha.

- Tu veux dire que Eamhain Macha est un vrai endroit ?

- Oui sauf qu'aujourd'hui cet endroit s'appelle Navan Fort. Tu sais bien, An Eamhain s'est transformé en Navan...

- Oui, oui, comme An Aonach est devenu Nenagh et Páirc an Fhionnuisce est devenu Phoenix Park.

Dans nos balades à travers le pays, chaque panneau bilingue suscite une dissertation historique et étymologique de ma part : pas étonnant que les enfants en aient un peu assez.

- Veux-tu y aller ?

- Où est-ce ?

- À quelques kilomètres d'Armagh. J'y ai déjà été deux fois.

- Mais Armagh...

- ... est au Nord, ce n'est pas un problème surtout maintenant que la paix s'installe. Tu aimerais vraiment voir cet endroit ?

- Oh ! ouais, ce serait *cool*.

Un enfant de onze ans ne disposant pas de terme plus fort pour exprimer son enthousiasme, nous sommes parties le week-end suivant pour l'Irlande du Nord, en compagnie de mon amie Rose et de nos deux filles de cinq ans.

En chemin, j'ai réalisé avec un pincement de remords que, si j'avais souvent été dans le Nord pour raisons professionnelles, lectures poétiques ou autres, je n'y avais jamais emmené mes enfants. Que l'on appelle cela de la lâcheté pure et simple ou un sentiment indéfinissable de malaise, toujours est-il que l'Irlande du Nord ne m'était pas apparue comme une destination évidente pour les vacances. Je ne pouvais pas trouver de meilleur moment que ce premier long week-end de beau temps depuis le début du processus de paix... Nos hommes étant absents, nous nous sommes lancées sur la route à cinq filles, un genre de *Thelma et Louise* agrémenté d'enfants. L'excitation régnait dans la voiture. À Dundalk, au milieu d'une circulation chargée, j'ai vu à gauche le premier panneau indiquant Armagh. Nous avons bifurqué : cette route, me semblait-il d'après la carte, devait être celle-là même que, tout jeune homme, Cú Chulainn avait empruntée en quittant la maison de sa mère en direction d'Eamhain Macha. Un autre panneau annonçait : « Itinéraire déconseillé », ce qui en d'autres temps aurait glacé notre sang de méridionaux candides ; aujourd'hui, il ne méritait guère plus qu'un coup d'œil. La dernière fois que j'avais fait ce trajet, à l'occasion d'un week-end culturel à Mulloughmore, près de Slieve Gullion, je m'étais heurtée à trois barrages routiers en quelques kilomètres. Maintenant, il n'y avait plus rien, la route était libre et vide devant nous, s'élançant droit sur Armagh.

Ma première visite à Eamhaim Macha remonte à 1986. L'année précédente, une carrière de chaux avait été exploitée jusqu'à l'extrême bord de l'enceinte du site, ce qui avait immédiatement provoqué une énorme manifestation, avec des bus entiers de protestataires venus du Sud. J'étais en Irlande du Nord pour une lecture et, sur le chemin du retour, j'avais décidé de faire un crochet pour voir de plus près ce qui avait suscité un tel tohu-bohu. J'entamai mes investigations au début d'un après-midi d'automne. Armagh avait l'air d'une ville en état de siège. Pour commencer, le parking n'était autorisé qu'à la périphérie. J'ai fini par laisser ma voiture près d'un supermarché et, remontant la rue, je me suis mise en quête de renseignements. J'ai demandé à bon nombre de passants la route pour Eamhain Macha. « Eamhain Macha ? Connais pas. » J'ai essayé avec le nom plus moderne de Navan Fort. « Navan Fort ? Connais pas. » Le mystère s'épaississait. J'ai alors demandé l'office du tourisme, imaginant, dans mon innocence d'habitante du Sud, qu'une ville d'une certaine taille possédait forcément l'équivalent de notre Board Fáilte. Cela a plongé mes interlocuteurs dans la stupeur : « Office du tourisme ? Vous voulez dire une agence de voyage ? » Non, je voulais dire un office du tourisme. Pour toute réponse, des regards vides. Je me suis acharnée : si, vous savez, un endroit où l'on trouve des informations et des brochures sur les choses à voir dans la région et aussi des indications sur la route pour Navan Fort, si ça n'est pas trop demander. Finalement, quelqu'un me dit que j'avais mes chances au centre administratif municipal, dans l'ancien palais épiscopal, à l'extérieur du boulevard de ceinture. Retour à la voiture. La route menant aux bâtiments était barrée. Il fallait garer la voiture sur un terrain entouré de hauts barbelés et marcher jusqu'à l'entrée sous l'œil d'une caméra jaune, puis inscrire son nom dans un cahier. La procédure semblait un peu paranoïaque pour quelqu'un qui voulait demander le chemin d'Eamhain Macha. L'office du tourisme occupait une sorte de cagibi sous les escaliers. La coupe était pleine. J'entrai en proclamant : « Je suis une touriste potentielle ! » Les deux employés firent un bond de surprise. Leur consternation aurait été moins grande si je m'étais annoncée comme une terroriste potentielle. Après tout, les terroristes, ils connaissaient, mais les touristes semblaient être une chose inouïe.

Cela dit, ils ne pouvaient être plus aimables. Il ne leur restait qu'un exemplaire du dépliant sur Navan Fort mais, pas de problème, ils allaient me le photocopier. Après avoir repris ma voiture sous le regard glacial du petit dieu jaune, je me dirigeai vers Navan Fort, brandissant ma documentation. Il commençait à faire sombre quand j'atteignis l'enceinte sacrée. J'escaladai la butte. En débouchant au sommet, je vis un homme qui se promenait avec trois chiens de taille différente, je m'en souviens très bien. Un homme grand, long, dégingandé, quelqu'un du coin à l'évidence. Je le saluai d'un « Bonsoir » mais je n'obtins pas même un hochement de tête. Il tourna les talons et fila à toute vitesse par une brèche dans l'enceinte. Je suis petite, je n'ai pas l'habitude de terroriser les gens : j'étais interloquée. Peut-être que mon apparition sur la crête par un soir d'automne, les cheveux dressés par le vent qui faisait claquer mes cache-oreilles en fourrure, aurait terrifié les plus braves. J'en doutais toutefois. Je méditai sur mes expériences de la journée jusqu'à mon retour à la maison.

Trois ans plus tard, je me rendis à nouveau à Eamhain Macha, par une pluie battante. Le site s'agrémentait désormais d'un cabanon vert, sorte de baraque en préfabriqué, tenue par un adorable monsieur de la commune toute proche de Craoibh Ruaidh. Bien informé, volubile, il contribua largement à rendre cette visite intéressante. Le temps mis à part, les choses s'étaient visiblement améliorées. Mais rien ne me préparait au choc du moderne. Centre des visiteurs qui nous accueillit ce jour-là, à ma troisième visite. Construit sur le versant d'une petite colline, couvert d'un toit en gazon, le centre donnait l'illusion d'être souterrain, comme un *sídhe*, un palais du monde d'en bas. Les responsables n'avaient pas regardé à la dépense avec, entre autres, des hologrammes et un CD ROM. Une étrange impulsion me fit taper sur le clavier les mots « lacs sacrés » : j'obtins tant de renseignements fascinants qu'il fallut littéralement m'arracher à l'écran. Je n'eus qu'une critique à formuler : les vingt minutes imparties à chaque visiteur pour cette activité étaient insuffisantes. Nous sommes retournées dans la salle consacrée au rôle historique et mythique d'Eamhain Macha. Ce site est le plus important de l'époque préchrétienne en Ulster. Pendant des centaines voire des milliers d'années, il a joué le rôle de capitale politique et spirituelle de la province. Sous le nom d'Isamnion, il figure sur les cartes que Ptolémée réalisa au IIe siècle de notre ère, ce qui prouve son importance. On considère également que c'est ici que se déroulèrent bon nombre des légendes du Cycle d'Ulster : Eamhain Macha aurait abrité le palais du roi Conor MacNeasa ainsi que les chevaliers de la Branche Rouge, dont le plus puissant n'était autre que Cú Chulainn, le neveu du roi Conor.

Mais le site était avant tout un sanctuaire, une enceinte sacrée dédiée à Macha, déesse celtique de la guerre représentée en compagnie d'un cheval, comme Epona, sa contrepartie européenne. La divinité a donné son nom aux lieux : à en croire la légende, le souverain obligea Macha, alors qu'elle était enceinte, à courir contre les chevaux royaux. Elle emporta la victoire mais mourut peu après en donnant naissance à des jumeaux, ou *emain* en vieil-irlandais, mot apparenté au latin *gemini*. En punition, les guerriers de Conor furent condamnés à subir les affres de l'enfantement chaque fois que l'Ulster serait menacé, comme ce fut le cas lorsque la reine Medbh de Connaught lança la razzia de Cooley, narrée dans le Táin Bó Culainge. Ces histoires que les moines chrétiens couchèrent par écrit au Moyen Âge sont racontées au musée avec verve et style. Les questions d'Ayse avaient trouvé réponse, de la plus merveilleuse des façons.

Après un déjeuner rapide, nous avons pris un petit chemin bordé de murs jusqu'au site. Sur la butte, des fouilles récentes ont mis au jour les vestiges d'un des édifices les plus impressionnants de l'âge du bronze européen : un temple datant de 94 av. J.-C., délibérément incendié et rempli de pierres peu de temps après sa construction, avant d'être finalement recouvert d'un monticule de terre. Les archéologues s'interrogent sur les raisons de cette destruction volontaire. Pour moi, je parierais fort qu'il s'agissait d'un acte religieux, peut-être destiné à marquer l'abandon d'un panthéon et l'adoption de nouvelles divinités. Un dieu aurait été enterré ici. Était-ce

Macha ? Au début de l'après-midi, nous sommes arrivées en haut du tertre et nous nous sommes étendues par terre, profitant de la brise tiède. Nous avons toutes ressenti une grande paix, une chaleur qui irradiait de la colline même. Ce n'était pas un effet de mon imagination : je ne voudrais pas paraître d'une mièvrerie new age et, après tout, la terre avait été chauffée par quelques semaines de beau temps, mais ce sentiment de paix, cette impression d'être scellé à la terre, de ne faire qu'un avec le monde, fut partagé par nous toutes. Mon amie Rose, qui est atteinte d'une maladie évolutive, a éprouvé une sensation de soulagement. En redescendant, elle se sentait mieux, fortifiée, et même capable de faire le tour de l'enceinte à pied, une distance qu'elle n'avait plus parcourue depuis des années. Nous avons marché dans le sens des aiguilles d'une montre, ce qui porte chance. Le temps était clair et ensoleillé mais pas trop chaud, les parois en terre de l'enceinte disparaissaient sous les fleurs sauvages, les primevères, les violettes et les fraisiers. C'était assez magique et chacune d'entre nous est repartie les mains pleines : Ayse avec une chanson qui allait et venait dans sa tête, Rose avec une force qui ne s'est pas émoussée depuis, moi avec l'idée de deux nouveaux poèmes. Cette terre était sacrée, à n'en pas douter, et la dévotion des siècles ne s'était pas évaporée dans l'air mais restait palpable, avec l'aide de notre imagination. Tout ne passe-t-il pas par elle, de toute façon ? Nous ne pouvons voir le monde qu'à travers les verres brillants de nos sentiments et de nos convictions, ou la grille de nos mythologies personnelles. On ne saurait résister à la puissance de cette énergie féminine, chthonienne, autochtone, ancrée dans ce site mais toute prête à faire son chemin dans nos vies modernes par un acte d'imagination. Le paysage d'Irlande n'a jamais vraiment perdu son enchantement. L'Autre Monde, source de puissance, repose en nous, et plutôt en dessous qu'au-dessus de nous. Les histoires que nous nous racontons les uns aux autres lorsque nous déambulons dans ce monde, des histoires comme celle de Macha et de ses jumeaux, construisent le réseau de sens qui fait de chacune de nos vies, et peut-être de toute la culture irlandaise, un ensemble cohérent.

Cette pensée me revint le soir, en lisant l'histoire de l'Ulster de Jonathan Bardon, et ne me quitta plus le lendemain pendant notre balade sur la côte d'Antrim. La taille réduite de la « chaussée des Géants » déçut les enfants mais le château de Dunluce obtint un franc succès : ils l'escaladèrent en tous sens pendant que je parcourais assez distraitement le dépliant touristique, assise à l'ombre. Ma lecture de la veille me permit de remarquer que ce document minimisait certains faits. Ainsi, le châtiment final de Seán an Díomais, ou Shane O'Neill le Fier, par les MacDonnell, apparaissait comme le résultat d'une rixe entre ivrognes plutôt que la conséquence inévitable d'un règne de terreur indicible. Shane, conseillé par Robert Dudley, comte de Leicester, pensait pouvoir gagner la faveur d'Élisabeth Ire en chassant les Écossais d'Antrim ; le massacre de quatre cents civils, des femmes et des enfants pour la plupart, n'était nulle part mentionné dans le dépliant, pas plus que dans les présentations des différents sites que nous vîmes ces jours-là. Il s'agit pourtant d'un des événements les plus mémorables de cette période. La tuerie eut lieu sur l'île de Rathlin, que nous pouvions voir de l'endroit même où Sorley Boy MacDonnell « se tenait sur la terre ferme, à Glynnes, et vit la prise de l'île. Il faillit devenir fou de désespoir (comme le raconta par la suite un espion), allant et venant, se tourmentant et répétant qu'il avait perdu tout ce qu'il avait jamais possédé en ce monde », ainsi que l'écrit Bardon dans son ouvrage.

Je suis peut-être réfractaire à ce type de discours mais quelque chose me gêne dans les proclamations récentes sur notre « héritage ». Nous sommes supposés prendre ce patrimoine en bloc sans nous pencher sur la façon particulièrement compliquée dont il nous a été transmis. Cela m'agace. La semaine dernière, je suis passée à Poetry Ireland, le seul organisme professionnel auquel je sois rattachée ; il occupe des locaux très agréables dans la Bermingham Tower du château de Dublin. J'avais un peu de temps à perdre, j'en ai profité pour retourner voir les grands appartements. Cette visite guidée a suscité en moi des sentiments mitigés, pour dire le moins. Les causeuses en chêne, les pièces aux belles proportions, en particulier une chambre ovale ornée de hauts-reliefs en stuc blanc qui donne l'impression au visiteur de se trouver au fond d'un plat Wedgwood, tout cela est bien beau mais il n'en demeure pas moins que ces choses virent le jour aux dépens de mes ancêtres qui mouraient de faim dans des cabanes de la côte ouest. Je reconnais la valeur indiscutable de ces appartements mais une partie de moi adorerait les voir piétinés sous les sabots d'un cheval. Un peu plus tard, le guide souligne l'épaisseur des murs, nécessaire pour « tenir l'ennemi en respect ». « Pour nous tenir en respect », ai-je envie de lui dire car, après tout, c'est la vérité : nous étions l'ennemi. Red Hugh O'Donnell (je porte le nom de sa sœur, Nuala) languit ici en captivité avant de s'évader par les égouts, non pas une mais deux fois, et de se retrouver, la nuit de Noël 1591, vêtu de soie légère et chaussé de pantoufles, marchant dans les amas de neige vers le sud, vers Glenmalure, la place forte des O'Byrne. Les O'Byrne le trouvèrent avec ses compagnons « couverts de linceuls de grêlons festonnés de blanc, congelés sur eux, leurs vêtements fins et leurs chemises collés à la peau » (*The Four Masters*, cité par Bardon). Tous sauf un survécurent ; après avoir terriblement souffert, Red Hugh, les doigts de pieds gelés, dut être amputé.

Notre héritage est complexe, comme les réactions qu'il suscite. Suis-je anachronique quand j'insiste sur cette complexité, au moment même où la paix s'installe et où l'euphorie nous gagne tous parce qu'une seule personne a été tuée en un an ? Je médite sur ce sentiment de complétude, d'apaisement, ressenti à Eamhain Macha. Mary Condren, dans son ouvrage *The Serpent and the Goddess*, ouvre des perspectives nouvelles avec son exégèse féministe de la mythologie irlandaise. Elle rapproche l'histoire de Macha du mythe de la Genèse et y voit la pierre angulaire des cosmogonies qui ont suivi. Dans une version de la légende, lorsque le souverain exige de Macha qu'elle rivalise avec les coursiers royaux, la déesse en appelle à la clémence des seigneurs assemblés, non pas en vertu de principes éthiques mais en évoquant la mère dont chacun est né. Elle ne réussit pas à les fléchir et, pour la première fois sur notre île, l'ordre d'un roi égoïste, image parfaite d'une culture guerrière, prévaut sur ce qui nous unit profondément, le fait d'être tous nés d'une mère. Macha prononce alors sa malédiction : « À partir de ce jour, l'infâmie que vous m'avez infligée fera votre honte. Quand les temps d'oppression s'abattront sur nous, chacun d'entre vous vivant dans cette province succombera à la faiblesse, comme une femme en couches, pendant cinq jours et quatre nuits ; et ce jusqu'à la neuvième génération. »

Combien de fois ai-je pensé que cette malédiction ne pesait pas seulement sur l'Ulster mais sur toute l'île : cent neuf générations plus tard, nous payons toujours notre passion pour le culte du guerrier et notre renoncement aux liens qui nous unissent, nous êtres humains ordinaires et souffrants. La force des femmes, la conscience autre qu'elles proclament, ont été répudiées : la société et l'Histoire le paient chèrement. Si, en cette époque lointaine, on estima nécessaire d'ensevelir Macha sous la terre, il est peut-être temps de rendre à la lumière sa puissance, son exemple.

J'ai l'habitude de recueillir les histoires traditionnelles sur les paysages, un genre baptisé *dindseanchas*, souvent traduit de façon réductrice par « topographie ». Il ne signifie rien moins que la somme collective des paysages intérieurs que nous projetons au-dehors. En recomposant le puzzle de ce royaume fantôme, je découvre soudain un motif récurrent : une force ou une énergie féminine, femme, sorcière ou *cailleach*, dragon, monstre ou *piast* (mot féminin dans les langues celtiques dont « la » monstre du Loch Ness, Nessie, tient son genre), bref, une puissance féminine, est bannie du monde d'en haut, celui de la conscience, vers un lac, la mer ou les tertres, ces forteresses magiques où se réfugie Tuatha De Danainn à l'arrivée des envahisseurs milésiens. Il est grand temps d'exhumer cette puissance afin qu'elle répande une lumière munificente, telle la Carbuncle légendaire du Loch Geal, près du col de Conor, que Praeger mentionne en dérogeant à son positivisme coutumier. Je m'en suis inspirée autrefois pour l'un de mes poèmes :

> Loch Geal m'éblouit aujourd'hui comme quand,
> tous les sept ans, la formidable Carbuncle
> s'extirpe des profondeurs et fraye l'air
> pour se dépouiller de ses écailles,
> coquillages que le peuple ramasse.

J'ai tout le temps de méditer pendant notre retour, avec deux heures de bouchon à Newry puis des encombrements à Dundalk. Je n'ai jamais vu une telle circulation en Irlande ; il faut que je remonte aux week-ends ensoleillés de mon enfance, dans le Lancashire, pour retrouver une pareille cohue. S'agit-il d'un barrage ? De la frontière ? Des douanes ? Non, d'une déviation autour de l'ancien poste frontière. Ce qui nous empêche d'avancer, c'est tout simplement la quantité incroyable de gens qui ont eu la même idée que nous et qui se sont lancés vers le nord avec le même mélange de plaisir, d'incrédulité et de ravissement, curieux de voir cet endroit dont ils ont tant entendu parler et de découvrir, enfin, l'Irlande.

*

Un jour à la fin de l'été, quand j'avais cinq ans, je marchais dans une rue du village de Cahiratrant, dans la paroisse de

Ventry, où l'on m'avait placée depuis peu chez ma tante May pour que j'apprenne l'irlandais[1]. Arrachée sans cérémonie à mon existence bourgeoise dans le Lancashire, je me débrouillais tant bien que mal avec les vaches, les routes en terre, l'absence d'eau courante et d'électricité, l'irlandais et le fait que l'on ne comprenait pas plus mon anglais de Liverpool que je ne saisissais l'accent du Kerry. Je rencontrai un vieil homme, Jacsaí Shea, qui arrivait en sens inverse. « *Cé leis tu ?* À qui appartiens-tu ? » me dit-il, formule traditionnelle pour demander son nom à un enfant. Prenant la phrase dans son sens littéral, je me dressai de tout mon mètre de hauteur et lui répondis catégoriquement : « *Ní le héinne mé. Is liom féin mé féin.* Je n'appartiens à personne, je n'appartiens qu'à moi-même. » Jacsaí poursuivit son chemin en pouffant de rire. Il se rendait chez Peats Mhic Ó Cinnéide où se tenait le Dáil, ou parlement du village, et où les hommes âgés se réunissaient le soir pour parler des affaires du monde, petites et grandes. Ma réplique alimenta sans doute la conversation du jour car elle fit le tour du village comme une traînée de poudre. Aujourd'hui encore, quarante ans plus tard, on me la ressert, surtout quand j'ai dit ou fait quelque chose que les habitants considèrent comme un peu « audacieux » ou « trop indépendant ». Ils attribuent pareil toupet à mon ascendance : mon père est originaire de « l'autre côté », c'est-à-dire du Nord de la péninsule de Dingle au-delà du col de Connor. Par mon caractère, je serais le portrait craché de ma grand-tante Elly, à ce qu'il paraît. Je l'ai un peu connue dans mon enfance, je l'aimais bien. Ou plutôt, elle semblait s'intéresser particulièrement à moi et apprécier ce que d'autres appelaient mon insolence. J'ai toujours pensé qu'elle était en avance sur son temps, une femme indépendante et volontaire à qui l'on avait fait une mauvaise réputation. J'ai essayé de corriger cette

1. Le terme « irlandais » évoque à la fois une langue et un pays, alors que « gaélique » n'évoque que la langue. Les deux mots désignent la même chose.

image en lui consacrant un poème : ce n'était pas un ange mais je tente de montrer que ses traits de caractère les plus querelleurs découlaient naturellement de siècles de mauvais traitements infligés aux gens du coin, traités comme des bêtes sauvages depuis l'époque élisabéthaine.

À la mémoire d'Elly Ní Dhomhnaill
(1884-1963)

Elle obtint son diplôme
en biologie en mille neuf cent quatorze,
puis elle rentra dans son pays
au pied des collines,
le dos au vent,
et séjourna là pour la vie.

Elle ne se maria jamais.
Personne alentour n'était assez bien pour elle.
Quand son frère se maria,
sa femme n'était pas assez bien pour lui,
selon Elly, et
elle vendit leur terre.

Elle se battit avec son père.
Elle se battit avec son frère.
Elle se battit avec le prêtre.
Elle trouvait mauvais
que les offrandes soient annoncées
au milieu de la messe.
Elle voyait ce culot,
impressionner les pauvres
et qu'ils paient l'église au-delà de leurs moyens
en laissant leurs enfants avoir faim.
En vertu de quoi, elle se tenait assise
sur son banc, satisfaite,
la main sur sa canne,
chapeau sur la tête,
attendant l'appel depuis l'autel,
« Elly O'Donnell, rien. »

Le seul qui venait la voir
était mon père,
le pieux Énée de la famille,
et quand elle partit,
elle lui laissa la maison,
que nous vendîmes - trop humide.
Je promis de lui écrire
et ne le fis pas.
Tout ce que j'ai écrit depuis, peut-être,
s'adressait à cet esprit fier,
qui ne trouva jamais
un homme à sa mesure.

Mon époux a hésité
lorsqu'il m'a rencontrée
par peur du même défaut,
il disait que j'étais comme elle,
une solitaire,
sa seule héritière.

Dans les temps jadis,
un poison flottait dans le vent cinglant de Binn ós Gaoith
tandis que notre peuple était parqué comme du bétail à Macha na Bó.

Ma rencontre avec le vieux Jacsaí est au cœur du problème. Ce malentendu sémantique résume la relation que j'entretiens avec le Gaeltacht[2] de West Kerry : je ne suis pas d'ici tout en étant originaire de ce pays. Je dois cela à la diaspora : irrémédiablement attirée par la communauté irlandophone de la côte Ouest, que je connais de l'intérieur, je reste une étrangère, la petite *cailín Sasanach*, l'enfant anglaise. Cette dichotomie a développé chez moi ce que Seamus Heaney appelle « un double foyer, la faculté de vivre dans deux endroits en même temps ou dans deux temps au même endroit, la capacité d'admettre des vérités contradictoires sans choisir entre elles ». Et aussi la possibilité d'être foncièrement bilingue, de se sentir chez soi dans deux langues et deux mentalités.

2. Région dont la première langue est l'irlandais.

Je m'interroge souvent à ce propos. Ces appartenances mêlées permettent-elles vraiment de porter un regard plus riche sur la vie, un regard stéréoscopique ? Ou provoquent-elles un astigmatisme mental, une vision floue des choses, une impression de décalage, une profonde anxiété ? Je trouve parfois que ces contradictions intérieures provoquent de profondes souffrances psychologiques. Il m'arrive de penser qu'une guerre civile se livre en moi et que le simple fait de séparer les combattants m'épuise. Mon subconscient absorbe alors toute mon énergie et je sombre dans la léthargie, manifestation physique de la dépression. Même dans les bons moments, une agitation constante demeure, une instabilité, le sentiment d'être en exil de Dieu sait quel lieu ou quelle chose. Faut-il voir aussi l'œuvre de la culture globale, gangrène à laquelle peu de choses ont résisté ? Quoi qu'il en soit, je n'ai plus d'Ithaque où m'en retourner.

Si Jacsaí avait utilisé la formule plus usuelle *« Cad is ainm duit ? »* ce simple « Quel est ton nom ? » aurait obtenu une réponse simple. Mais Jacsaí était d'une génération qui n'imaginait pas plus un être humain sans attaches qu'une étoile sans la constellation qui l'entoure. Le concept de l'« individu » doté de droits « inaliénables » n'avait pas encore filtré à travers la grosse amibe collective, foisonnante et bouillonnante, de la communauté locale irlandophone. Jacsaí avait un savoir généalogique qui pouvait remonter jusqu'à sept générations dans l'ascendance de cette population, avec toutes les combinaisons et permutations afférentes. Ces très petits fermiers vivaient dans une économie de subsistance misérable, se mariaient, avaient d'innombrables enfants et mouraient ; aucun n'était riche ou important, et certains se demanderont donc à quoi rime une généalogie aussi précise. Ce serait une erreur que de voir les choses de cette façon. Les gens de Cahiratrant dans les années 50 étaient certes pauvres d'un point de vue matériel mais, par la langue et l'esprit, ils étaient les héritiers d'une culture orale plurimillénaire tout autant que de la tradition littéraire manuscrite du Moyen Âge irlandais. On trouvait aussi facilement dans leur conversation une remarque sur les problèmes de la culture de la betterave fourragère qu'un vers sorti d'une saga en vieil irlandais ou d'un lai Fenian. Ainsi que l'écrivait George Thompson dans son ouvrage *Island Home : The Blasket Heritage :* « Tout Grec cultivé connaît les légendes homériques de la guerre de Troie mais seulement par les sources écrites car, après l'introduction du christianisme, les gens du peuple oublièrent les histoires païennes. En Irlande aussi, bien des histoires se sont perdues de cette façon mais d'autres ont survécu jusqu'à nos jours dans la tradition orale. »

Ce qui était vrai pour les îles Blasket l'est aussi pour la paroisse de Ventry dont bon nombre d'insulaires étaient originaires. Les habitants des Blasket, évacués sur la terre ferme au début des années 50, ont vécu à Dunquin mais ils reposent dans le cimetière Sainte-Catherine de Ventry, leur *fód dúchais*, leur terre ancestrale. Quand j'étais enfant, à Cahiratrant, les adultes ne différaient pas de leurs parents des îles : ils étaient, bon gré mal gré, porteurs d'une tradition, Jacsaí comme Joeín Shea, Mike Long, Joe Keevane, Moss et Paddy Martin, John Sea, dont la mère était mon arrière-grand-tante, Thomas Murphy, le mari de ma tante May, et bien d'autres.

Pour eux, et donc pour nous, les enfants qui les écoutions, le paysage alentour était imprégné de souvenirs légendaires. La bataille de Ventry, l'un des épisodes les plus aimés des légendes Fenian, s'était déroulée sur le rivage que nous voyions chaque jour. Elle dura un an et un jour, opposant les Fianna, guerriers gardiens de l'Irlande, aux forces de Dáire Donn, le souverain du Royaume de l'Est. Écrite par un moine de Regensberg vers 1200, cette fable est totalement assimilée dans la tradition locale. La sépulture de Dáire Donn ne se trouve-t-elle pas dans un champ derrière l'école de Cill Mhic an Domhnaigh ? Et le gros rocher appelé Lic Caoil, en bordure des terres de Thomas Murphy à Barr na hAille, n'est-il pas le corps pétrifié du géant Caol mac Criomhthain, le dernier des Fianna à périr ? N'a-t-il pas donné son nom au rivage de Tráigh Chaoil où la mer rejeta son corps quand il se noya en empêchant le dernier envahisseur, Fiannachtach Fiaclach, de prendre la fuite ? La grande pierre dressée, ou *gallán*, dans le champ de Sheehy, devant laquelle nous passions chaque jour, ne marque-t-elle pas l'emplacement de la tombe de la femme de Caol, qui s'effondra, morte, après avoir lancé une complainte pour son mari défunt, connue aujourd'hui sous le titre de *Géisid cuan* ?

Un jour, assis à sa place préférée au milieu du village, un coin exposé au sud, Mike Long me raconta comment, lorsqu'il était enfant, il avait vu la flotte de la British Navy, en manœuvre juste avant la Première Guerre mondiale. Elle était venue s'amarrer dans la baie de Ventry. Mike et les autres garçons du village avaient ramé à sa rencontre ; ils étaient montés à bord de plusieurs bâtiments, parmi lesquels les vaisseaux amiraux HMS Dartmouth et HMS Falmouth à bord duquel mon grand-oncle de Cork devait périr quand le navire s'abîma corps et biens dans la bataille du Jutland. « Les mâts des bateaux étaient si nombreux dans la baie que l'on aurait juré les arbres d'une forêt, me dit Mike. Les marins marchèrent du bateau le plus lointain jusqu'au rivage, de pont en pont, sans même se mouiller les pieds. » Je reconnus ces phrases : elles sortaient tout droit des histoires Fenian du Moyen Âge. Mon cœur fit un bond de joie. Le conflit mondial ou la bataille de Ventry, quelle différence ? Les deux alimentaient le grand moulin de l'imagination populaire locale. Les deux étoffaient un art de la conversation doté d'une extraordinaire souplesse, d'une vaste palette de références mythologiques et d'une saisissante élégance stylistique et syntaxique.

En Irlande, le mythe absorbe tout, biographies individuelles et histoire collective. Sur cette île, pour une raison ou une autre, la porte entre le rationnel et l'irrationnel ne s'est jamais vraiment fermée. Il y a toujours eu quelqu'un pour mettre le pied dans l'embrasure : le barde qui chantait dans la grande salle du château, le *seanchaí* installé près de la cheminée ou le baladin déclamant dans un pub. Walter Ong appelle ça notre « haut degré d'oralité résiduelle ». Le mot parlé, par sa spontanéité, plonge directement dans l'inconscient, propriété que l'on retrouve rarement en littérature ou en poésie sauf dans les plus grands chefs-d'œuvre. J'adore cet aspect de notre culture. C'est l'une des principales raisons pour lesquelles je suis revenue vivre ici après des années de pérégrination par les chemins, de *shaughraun*. Je trouve infiniment plus stimulant de vivre dans un pays qui entretient encore des rapports intermittents avec l'irrationnel au lieu de lui tourner le dos. Toutefois, cela présente des inconvénients et des dangers. Nos scénarios intérieurs prennent si bien le dessus que nous les jouons en public, oubliant que la réalité est nécessairement différente pour les autres. Par ailleurs, le téléscopage du mythe et de l'histoire a débouché sur une culture idéaliste du sacrifice qui est au cœur des drames irlandais de ce siècle.

Ce mélange des temps, mythique et historique, m'était apparu de façon particulièrement vive lorsque j'avais douze ou treize ans. J'avais remarqué que la commune de Na Ráithíneacha, ou Rawheens en anglais, était plantée au beau milieu de celle de Cahiratrant, théâtre du combat entre Fionn Mac Cumhail et le Normand de Terraunt. J'interrogeai le mari de ma tante, qui me dit de son ton faussement exaspéré : « *Ná fuil a fhios ag an saol go raibh An Treanntach ró-mhaith d'Fionn Mac Cumhail !* Le monde entier sait que de Terraunt était plus fort que Fionn Mac Cumhail ! » Je commençai alors à soupçonner que Rawheens constituait le pluriel de Ráth Fhinn, c'est-à-dire « la colline fortifiée de Fionn ». L'invasion normande, l'érection d'un monastère par le chevalier conquérant de Terraunt en plein centre du territoire de Fionn, l'effondrement de la société gaélique, tout cela vivait encore dans la réponse d'un fermier du coin. En tant que poète, j'adore ces résurgences qui mêlent le réel et l'irréel, cette façon de penser par juxtaposition, si propice à la poésie. Bon nombre de mes œuvres prennent pour point de départ des histoires que j'ai entendues, enfant, à Cahiratrant.

An Bóithrín Caol

Derrière la maison de ma mère
près de Bóithrín Caol, venant de Bóthar na Carraige,
à travers la terre des Kavanaghs,
les gens de Fán parcouraient
cinq kilomètres jusqu'au rivage
avec leurs chevaux portant des paniers
pour le sable, pour couvrir

le sol des cuisines et des étables ;
sable piétiné dans le fumier
et puis étendu enfin
sur de maigres champs
pour de prodigieuses pommes de terre
extirpées d'une terre affamée
trop maigre pour couver pareille promesse.

Des bourriches liées
sur leur dos,
les femmes
descendaient
au bas des falaises
chercher des moules, la nourriture.
Quatre jeunes filles disparurent
à Leacacha an Ré,
Trois Marie et la belle Margaret
qui m'a pris mon cœur
et les gens virent
un homme au chapeau rouge
à cheval sur la vague
qui les entraîna au fond.

Parfois, à partir du rivage,
j'entraperçois me semble-t-il

ce chapeau rouge
brillant dans l'écume
jeté par les vagues
et puis,
sans un mot,
un cornemuseur sur la falaise
lance un bourdon
et un chant.
Quand les chevaux
retournent au soir,
oscillant sous le sable,
les hommes qui les mènent
cessent leurs bavardages.

À Dublin, assise à ma table, je me demande pourquoi j'écris cela. Qu'est-ce que je veux expliquer, et à qui ? Je rentre à l'instant du supermarché où je n'ai vu ni entendu un seul mot d'irlandais. J'allume la radio de langue irlandaise, Radio na Gaeltachta, une sorte de fil conducteur pour moi, même s'il faut parfois se contenter d'un avis de recherche pour un chien noir et blanc perdu dans le Connemara, ou des résultats du loto à Na Doirí Beaga. Ce n'est pas parce que l'irlandais est à peu près absent de la banlieue de Dublin qu'il n'existe pas. Comme la levure dans le pain, on ne le voit pas mais il est un ferment de notre culture. Une théorie difficile à faire passer dans l'Irlande d'aujourd'hui où beaucoup de gens considèrent que nier toute connaissance de la langue traditionnelle est le summum du raffinement et un gage de modernité. Le capitalisme prédateur, genre de loi culturelle de la jungle, règne en maître absolu : dans ce cadre, l'irlandais est superflu, pour ne pas dire rétrograde. Malgré mon amour pour cette langue, je vis ballottée par les ambiguïtés et l'indifférence que les autres entretiennent à son égard. Il faut mener un combat permanent pour lui redonner droit de cité au menu culturel. Récemment, à une réception à l'ambassade américaine, une femme m'a demandé ce que je faisais comme métier. Je lui ai dit que j'écrivais de la poésie en irlandais.

« Sur quels sujets ? » s'est-elle enquise. « Oh ! les gros trucs, la naissance, la mort et la chose la plus importante entre les deux, le sexe. » « Il y a donc un mot pour "sexe" en irlandais ? » s'est-elle étonnée avec condescendance. J'en suis restée bouche bée, incapable de lui répondre à la célèbre façon du Kerry, par une autre question : « Y a-t-il un mot pour "neige" en eskimo ? » Je me suis souvenue de la journaliste qui, voici quelques années, avait débarqué chez moi avec une liste de questions qui commençait par celle-ci : « Êtes-vous fasciste ? » Parce que j'écris en irlandais.

Comment ces femmes, qui ont à peu près le même âge que moi et ont grandi en Irlande à la même époque, comment diable peuvent-elles être si totalement différentes de moi ? Habitant toutes l'Irlande, vivons-nous donc dans des mondes à part ? Il faut peut-être chercher une explication dans le fait que ma famille a quitté l'île et y est revenue, et cela plusieurs fois depuis quatre générations. Tandis que ces femmes ont un sentiment de sécurité ontologique qui me manque cruellement : elles vivent ici et leur réalité est irlandaise, voilà tout. Quant à moi, en tant que personne déplacée, migrante à la fois à l'intérieur et au-delà des frontières nationales, je dois faire mon trou pas tant en Irlande qu'à l'intérieur d'un ensemble formé par une langue mais aussi une culture, une mémoire et un rapport imaginaire avec cette mémoire. Cela dit, j'y gagne la liberté d'inventer mon idée de l'Irlande ou de l'irlandicité, et par là même de modifier cette définition. Ne sachant pas à qui « j'appartiens », j'en paie le prix : journalistes et rats d'ambassade me trouvent trop irlandaise, Jacsaí Shea me trouve trop anglaise. Moyennant quoi, j'ai le pouvoir de changer le sens des choses et de proposer ce sens aux autres, sans distinction de nationalité, par le biais de la poésie. Dans ma vie comme dans mon œuvre, j'ai le sentiment de porter une charge affective, tout au bout d'une chaîne de destins erratiques dont j'aurais hérité à travers les générations.

J'ai lu récemment un conte fascinant qui me semble décrire

parfaitement ma situation. Il est intitulé *Fuíollach na gCertlíní*, ce que l'on pourrait traduire par « Les restes des ballots de laine » : « Un soir, un homme rentrait chez lui de Dingle. À la croisée de chemins qu'on appelle Lady's Cross, que ne vit-il pas, au fond du fossé ? Un tout, tout petit bout de bonne femme. La vieille lui demande de l'aider à sortir du fossé. Il lui tend la main. Elle lui demande de lui tendre aussi l'autre. "Non, je n'en ferai rien, dit l'homme, si vous aviez la moindre velléités de sortir de ce fossé, je vous aurais déjà soulevée d'une seule main. Quel est diable ce poids sur votre dos qui vous retient au fond ? Lâchez ma main ou relevez-vous, l'un ou l'autre." Elle lui raconte alors que, lorsqu'elle était en vie, elle était mariée à un fouleur ; chaque fois que les clients de son mari apportaient de la laine à fouler, elle conservait les débris des ballots au lieu de les rendre avec le travail fini. Maintenant, après sa mort, son châtiment consistait à porter partout avec elle les restes des ballots de laine : c'était ça qui l'avait fait tomber au fond du fossé. Quand l'homme se réveilla le lendemain matin, il remarqua que le bras qu'il avait tendu à la vieille était couvert de bleus. Il se félicita de ne pas lui avoir donné l'autre main. Dieu seul sait ce qui serait advenu de lui... »

La pelote de laine est un symbole qui revient souvent dans le folklore irlandais, particulièrement dans le genre de la fable héroïque. Quelqu'un remet au héros ou à l'héroïne une pelote qui lui échappe des mains ; elle roule si vite que, selon la formule consacrée, « elle rattrape le vent qui la précède mais le vent qui la suit ne la rattrape pas ». Le héros ou l'héroïne trouve son destin en suivant la pelote qui se dévide. Qu'il s'agisse de ballots ou de pelotes, j'ai l'impression que la tâche des poètes consiste depuis toujours à porter le destin de nombreuses générations dont les vies n'ont été que partiellement vécues et jamais racontées. Combien l'émigration et le déracinement ont-ils produit de ces pelotes emmêlées et de ces ballots jamais restitués ?

*

Du côté de ma mère, les Muinntir Fhiannachta dont le nom fut anglicisé en Fenton à Ellis Island venaient de Beaufort, à l'ouest du comté de Kerry. Lord Ventry les avaient installés là pour qu'ils s'occupent de ses chevaux, dans une ferme sur la commune de Ballyameentrant, dans le Gaeltacht de Dingle. Aujourd'hui encore, ma famille nourrit une véritable passion pour les chevaux. Eoghainín Fenton, mon arrière-grand-père, fut le premier émigrant répertorié parmi mes ancêtres. Comme la plupart des gens du Gaeltacht de Dingle, il se fixa aux environs de Springfield, dans le Massachusetts. Aussi large que haut et surnommé Goliath, il était connu pour ses talents de musicien et de danseur. En 1866, à l'occasion de l'inauguration de la nouvelle cathédrale de Chicobee Falls, il remporta le concours de danse récompensé par une montre de gousset en or. D'après la légende familiale, il aurait interprété la longue danse du merle, sur « une table cirée ». Nous avons une photo de lui prise en Amérique : un bel homme, avec des cheveux raides couleur de jais et un visage ouvert. Quand son demi-frère, son aîné, décéda, la famille le fit rentrer pour qu'il reprenne la terre. Il s'en réjouit, il n'avait pas aimé les États-Unis. Il appréciait la bonne vie, comme le voulait la phrase qui avait cours à son propos dans la famille : *« D'íosfadh sé an Mhuclach, d'ólfadh sé an t-Iarthar, chaithfeadh sé an Stát »*, c'est-à-dire « Il pourrait manger le Muclach [un gros rocher de la baie de Tralee], boire tout l'Ouest et dépenser tout l'argent du pays. » Dès son retour, il vendit la montre en or et acheta un cheval de course. Je n'ai jamais compris comment il comptait nourrir l'animal sur trente hectares de tourbières et de cailloux et je n'ai jamais su ce qu'était devenue la pauvre bête.

Homme généreux, Eoghainín faisait également preuve d'une vertu très appréciée dans la région, le *mórchroí*, un tour d'esprit plein d'humanité où n'entrait aucune considération d'intérêt personnel. Voici quelques années, je recueillais des contes traditionnels dans la région et quelqu'un me conseilla d'aller voir un vieux monsieur de Baile Bhoithín, un certain Eoghan ac'Loingsigh. Quand je frappai chez lui, il ne me laissa même pas entrer et me dit de repasser un autre jour. Lorsque je revins, il se montra d'une amabilité parfaite : entre-temps, il s'était renseigné sur mon compte et avait découvert que son père, lorsqu'il était jeune et qu'il allait parfois travailler près de notre ferme, avait bénéficié de la bienveillance d'Eoghainín. Le vieil homme me dit avec beaucoup de sérieux. « *Is mór an ní fear muinteartha in ít dheoranta.* C'est une grande chose que de rencontrer un homme amical en un lieu inconnu » (lequel lieu se trouvait à trois kilomètres de là).

Mon arrière-grand-père n'aimait rien tant qu'une bonne histoire, ce en quoi sa femme lui ressemblait. Cependant, à l'inverse de son mari, Léan Ní Chearna ne parlait pas un mot d'anglais. À l'âge de sept ans, elle avait vu son père mourir de la maladie de la famine[3] dans une petite bicoque de Gleann Fán, très loin au-dessus de la route contournant Slea Head. Elle avait déjà perdu sa mère, décédée en mettant au monde son petit frère. Elle se souvenait que son père avait mis très longtemps à mourir ; il était si faible que les enfants avaient attaché des draps aux poutres pour qu'il puisse se hisser hors de son lit. L'aînée, alors âgée de quatorze ans, prit les choses en main et réussit à garder unie cette famille composée de cinq orphelins, quatre filles et un garçon.

Léan ne savait ni lire ni écrire et était « ignorante au sens où / elle mangeait une nourriture monotone / et croyait que la terre était plate », comme l'écrit Michael Hartnett à propos de sa propre grand-mère. Mais elle maintenait le flambeau de la tradition et disposait d'un vaste répertoire oral. Une histoire que j'ai retrouvée à l'université de Dublin donne une

3. Cette expression désigne l'ensemble des maladies provoquées par la famine.

idée de ses connaissances. Intitulée « Les trois âmes de l'homme », elle est racontée par un voisin de Léan, Séan Tuohy Ó Ciabháin : « J'étais chez moi dans mon lit à Ballymore quand Eoghainín Fenton sortit de sa maison pour je ne sais quelle raison. Il appela sa femme, Léan Ní Chearna : "Que le diable m'emporte, Léan, les esprits se sont emparés de Sean Tuohy ou quelque chose, dit-il. Regarde-le s'en aller. Tu devrais sortir et l'appeler." Puis il me vit remonter le chemin et rentrer. Finalement, Léan ne m'appela pas. Le lendemain, ils me racontèrent la chose et je n'aurais pas du tout cru Eoghainín si Léan ne m'avait dit exactement la même chose elle aussi. Je jurai que je n'avais pas quitté mon lit depuis le moment où je m'étais couché jusqu'au lendemain matin et qu'au contraire, j'avais dormi profondément toute la nuit. "On sait que des choses comme ça peuvent arriver et, justement, j'y pensais hier soir, dit Léan. Si je l'avais appelé à ce moment, il serait resté là-dehors pour toujours. J'ai toujours entendu dire que l'être humain a trois âmes, l'âme qui respire, l'âme qui sent et l'âme immortelle. L'âme immortelle est celle qui reste avec vous jusqu'à la mort." Je me demande, se dit Seán Tuohy pensivement, si c'était mon âme qui respire ou mon âme qui sent qui se promenait dehors cette nuit quand je dormais. Je ne le sais toujours pas. »

Léan et Eoghainín eurent treize enfants, dont neuf parvinrent jusqu'à l'âge adulte. La plupart émigrèrent en Amérique. Quatre de leurs filles quittèrent la maison le même jour. Deux d'entre elles partirent travailler dans de grandes maisons pour se constituer une dot, puis revinrent au pays et s'y marièrent, Mary dans la commune d'à côté, Ballymore West, et Joan dans la paroisse voisine de Márthan. Les deux autres se marièrent aux États-Unis. Je suis allée les voir voici quelques années. Nellie, qui est veuve, parlait toujours irlandais et se souvenait du nom de chaque champ de la ferme, Gort na Spoinnce, Cuaisín na gCaorach, etc. Elle restait en contact avec le pays par des lettres et des appels téléphoniques fréquents et en savait plus sur ce qui se passait dans la paroisse de Ventry que bon nombre de ceux qui y vivaient. Bridie avait pris plus de distance et ne parlait pas irlandais. Inutile de préciser que leurs enfants ne connaissaient pas un mot de la vieille langue. Si la danse et la musique survécurent à l'émigration, celle-ci détruisit jusqu'à la mémoire de la langue.

Seán, mon grand-père a également émigré et passé quelques années aux États-Unis, avant d'être appelé pour reprendre la terre, à la mort de son frère aîné. La famille le préféra à son jumeau né cinq minutes avant lui, qui était un peu débauché et ivrogne, ainsi qu'à leur frère aîné, Maidhc qui, par la suite, coupa tous les ponts avec ses proches, sauf pour une petite lettre annuelle en réponse aux vœux de tante May, sa filleule. Il comptait parmi les victimes de l'émigration, perdu entre deux mondes comme les corps des noyés flottant entre deux eaux, moitié coulé moitié sauvé. Si les émigrants, dans leurs lettres, chantent le mythe américain, qui sait cependant combien d'hommes et de femmes comme Maidhc sombrèrent à chaque génération ? Comme le remarque George Thomson, l'Amérique offrait aux irlandophones exilés « une échappatoire à la pauvreté de leur vie au pays, à condition qu'ils renoncent à leur spécificité culturelle. Certains payaient le prix sans regret, d'autres en éprouvaient un sentiment de perte pour le restant de leur vie. Quelques-uns refusaient le marché et rentraient chez eux. »

S'ils en avaient les moyens. Mon grand-père, chanceux, reçut une terre. Il était intelligent, il connaissait un peu d'anglais même s'il n'avait pas été au-delà de l'école primaire obligatoire. Sa santé ne résista pas à la dureté d'une vie de paysan pauvre et il mourut avant l'âge de cinquante ans. Avec lui, le mouvement d'aller et retour entre l'Amérique et l'Irlande devenait une tradition familiale.

La génération de ma mère, née sous le nouveau régime d'autonomie, fut la première à poursuivre l'école au-delà du primaire. Ma mère remporta une Gaeltacht Scholarship, bourses d'études secondaires nouvellement créées sous l'égide du jeune État. Eoghainín, son grand-père, rayonnait de fierté : « Notre Eileen est allée à Dingle acheter un parasol », annonça-t-il au village incrédule quand sa fille partit chercher l'uniforme réglementaire, qui comprenait un parapluie. Léan, sa grand-mère, insistait sur l'importance d'une scolarité poussée plus loin que le minimum obligatoire : « *Lean leis an léann, is ní bheidh cac ar do bhróga*, disait-elle. Persévère dans tes études et tu n'auras pas de bouse aux chaussures. » Ma mère alla à la nouvelle école de Burham, l'ancienne résidence de lord Ventry. Les cours se faisaient en irlandais mais l'esprit de cet enseignement visait à singer un mode de vie néocolonial ; l'éducation consistait à apprendre l'anglais et à se préparer à une existence qui couperait ma mère de son passé, de son village, de sa famille. Ngugi wa Thiong'o évoque les risques de ce processus de type colonial qui fonctionne de la même manière en Irlande ou en Afrique, sous un gouvernement élu par le pays comme sous la domination anglaise : l'aliénation « prend deux formes étroitement liées : une distanciation, active ou passive, du sujet à l'égard de la réalité qui l'entoure ; une identification, active ou passive, avec ce qui est le plus externe à cette réalité. [Ces deux formes d'aliénation] sont mises en place par une dissociation délibérée de la part des autorités entre la langue de la réflexion, de la conceptualisation, de l'enseignement, de l'épanouissement intellectuel, et celle de la vie quotidienne en famille et en société. Cela aboutit à une séparation de l'esprit et du corps qui occupent ainsi deux sphères linguistiques distinctes chez la même personne. À une échelle plus large, cela consiste à fabriquer une société de têtes sans corps et de corps sans tête. »

De façon générale, cette faille psychique, ce clivage de la personnalité, ne retient pas assez l'attention. Les langues du monde entier aspireraient à devenir de l'anglais, si l'on en croit une idée très répandue, mais en seraient empêchées par leur arriération, leur sous-développement. J'en doute. Je doute également que l'acquisition de l'anglais, par les émigrants à l'étranger comme par les Irlandais sur place, ait jamais été aussi facile que l'on veut le faire croire rétrospectivement. Récemment, j'ai beaucoup réfléchi à la question du passage d'une langue à l'autre et je découvre qu'elle ne laisse pas mon imagination indifférente. Mais comment la mettre en scène ? Je me suis penchée sur l'opposition entre le liquide amniotique de la communauté irlandophone du pays, semblable à la mer, et le port où viennent s'amarrer les postulants à la classe moyenne, après un parcours solitaire puisqu'en rupture avec leurs origines. Et j'ai imaginé une tribu de gens de la mer qui ont rejoint la terre, pour des raisons que mes poèmes dévoilent peu à peu. Cette métaphore est dangereuse parce que l'opposition mer/terre, irlandais/anglais, peut apparaître comme réductrice. Toutefois, j'ai l'impression que mes poèmes dépassent cette vision simpliste et tentent de rendre un passé, une perte, un présent confus, envahissant, écrasant et dépossédant mais non dépourvu de bienfaits.

Plus j'y pense, plus il me semble que l'obligation pour quelqu'un de faire sa scolarité et ses études hors de sa langue maternelle doit bouleverser le sentiment que cette personne a de sa propre identité aussi radicalement que le ferait une modification de son image corporelle. Plongée dans ces réflexions, j'ai lu dans l'ouvrage d'Oliver Saks, *L'Homme qui prenait sa femme pour un chapeau*, l'histoire d'un homme atteint d'une lésion cérébrale qui l'empêche de reconnaître certaines parties de son corps comme siennes. Il se réveille à l'hôpital et trouve dans son lit une jambe qui ne lui appartient pas. Pensant à une blague de carabin, il la jette hors du lit et, à sa grande stupeur, tombe à sa suite : par un mystère qu'il ne comprend pas, cette jambe est attachée à lui. J'ai refermé le livre et je me suis dit : « Voilà ma femme de la mer, ma sirène. Je la tiens ! »

La sirène dans la salle d'accouchement

Quelque chose remua en elle,
non pas la comète sifflante de sa nageoire
mais, au plus profond du lit,
un éclat de glace aussi long qu'elle,
languide comme les tentacules du goémon,
flasque comme la chair d'un appât.

« Dieu me garde, ces gens qui crient,
une nuit des longs couteaux ou approchant,
la moitié du personnel est bourrée,
l'autre, on ne lui ferait pas confiance
pour un empire.
J'en ai ma claque. »
Elle souleva et jeta les jambes marines
dehors.

Tout s'effondra
quand elle se retrouva par terre à leur suite,
ces créatures étaient-elles attachées à son corps
ou était-elle rivée à ces choses ?

L'infirmière dut
lui mettre les points sur les *i*
et lui expliquer le tableau :
« Ce que vous avez là, ma belle,
s'appelle une jambe,
et une autre pour faire la paire.
Une jambe,
deux jambes,
gauche, droite,
l'une va devant l'autre. »

On ne s'étonnera pas,
dans les longs mois qui suivirent
où son cou-de-pied s'aplatit
et sa voûte plantaire retomba,
si son esprit disparut aussi.

L'école où allait ma mère avait pour seule ambition de former des professeurs. Un enseignement plus poussé ou plus complet n'entrait pas dans ses attributions. Ma mère se rappelle encore avec indignation le jour où elle dut remplir les formulaires pour obtenir une bourse à l'université. « Quoi que vous fassiez, ne prenez pas médecine », lui conseilla la bien nommée sœur Borgia. « Pourquoi pas ? » demanda ma mère. « Parce que le fils du Seabhac [un écrivain de la région] a choisi ça et il trouve que c'est très difficile. » « Je ne suis pas le fils du Seabhac », rétorqua ma mère en cochant immédiatement la case « médecine ». Dès lors, ce métier et tout ce qui l'accompagnait représenta pour elle une planche de salut grâce à laquelle elle put échapper au sous-développement irlandais, ou du moins à ce qu'elle considérait comme tel. Elle choisit son camp avec rage et fit de l'empirisme prôné par Bacon son seul guide.

Ses études terminées et son diplôme de médecin en poche, elle ne trouva pas de travail, ce à quoi elle s'attendait. D'ailleurs, toute sa formation présupposait un déracinement. Elle partit pour l'Angleterre et, après quelques expériences brèves en entreprise et dans un hôpital psychiatrique, elle débuta comme associée dans un cabinet privé avec une clientèle de sept mille patients, dans le sud du Lancashire. Quelques années plus tard, elle menait presque seule le cabinet ; en bonne Irlandaise, elle continua d'exercer sous son nom de jeune fille longtemps après avoir épousé mon père.

*

Le parcours de mon père était un peu différent en ce que sa famille avait quitté la terre depuis deux générations. Son grand-père, Seán « Caol » Ó Dhomhnaill, s'était engagé dans la police, comme bon nombre de cadets. Selon la mythologie familiale, il n'aurait pas supporté les ordres ; toujours est-il qu'il ne s'y trouva pas bien et qu'il partit au bout de neuf mois. Il réussit à suivre une formation de professeur et revint s'installer dans le Kerry où il dirigea l'école de Fearanacille puis de Ballyduff. Intransigeant sur la discipline, il enseigna par la terreur un anglais châtié aux enfants du village, ainsi que des rudiments de mathématiques et de sciences. S'il donnait des cours d'irlandais facultatifs, sans doute parce que cela agaçait le prêtre qui administrait l'école, il veillait avant tout au bon anglais de ses élèves, puisqu'il les savait destinés à l'exportation. Presque cent ans plus tard, ma mère entendit une de ses amies émigrée aux États-Unis s'exclamer à propos d'une personne un peu grossière ou obtuse : « On voit bien qu'elle n'a pas passé une semaine avec Caol ! » Bien entendu, cette amie ne savait pas d'où venait l'expression ni qui était Caol. Ma mère, elle, le savait très bien.

Caol jouait aussi les tyrans avec sa femme et son fils. Il se montrait particulièrement taciturne le matin : « Chemise, bouton de col, blaireau, petit-déjeuner à huit heures, cirer mes bottes » étaient les seuls mots qu'il adressait à sa femme avant de partir travailler. Son fils Graindeá se lassa d'être élevé à la cravache et, prenant le parti de sa mère, se lança à corps perdu dans la défense de la cause irlandaise. Quand son père et le prêtre décidèrent qu'il se préparerait à la prêtrise au Irish College de Paris, il y vit une bonne occasion de poursuivre ses études et partit volontiers, ravi du tour qu'il jouait à son père. Lorsqu'il quitta l'Irish College *ad sœcularia sua sponte*, le prêtre raté qu'il était désormais ne pouvait rentrer chez lui. Il s'inscrivit à l'université de Cork où il obtint l'équivalent d'une maîtrise en études celtiques sous la direction de Hindenberg. Pris dans la ferveur révolutionnaire de l'époque, il s'engagea dans l'Irish Republican Brotherhood, s'occupa d'entraîner des volontaires dans les rues de Cork, enseigna dans un établissement du secondaire renommé, organisa la grève des professeurs inscrits au syndicat Cork Workers Union contre les pratiques pédagogiques condamnables des ordres religieux dispensant un enseignement. Le mouvement terminé, tous les grévistes furent réembauchés sauf lui, agitateur dont plus personne ne voulait dans le Munster. Après avoir survécu quelques années en tant qu'organisateur des cours d'irlandais qui se mettaient en place dans tout le pays, il finit par être nommé inspecteur des écoles primaires en 1928, à la suite du premier concours organisé par le nouvel État.

Seán O'Faoláin rappelle, dans son autobiographie intitulée *Vive moi*, qu'il considérait Graindeá comme le seul vrai révolutionnaire parmi ses professeurs ; c'est d'ailleurs sous son influence qu'il abandonna son nom anglais de John Whelan et redevint Seán O'Faoláin. La guerre civile, particulièrement brutale dans le Kerry, dégoûta si profondément Graindeá qu'il ne dit jamais un mot de ses exploits de jeunesse à ses quatre fils. À partir de cette époque, il se consacra tout entier au nationalisme culturel. Il rédigea un manuel d'irlandais et un manuel d'algèbre en irlandais. Dans la famille, on le créditait d'avoir traduit les noms des différents éléments d'une bicyclette ; le guidon devint ainsi *na cluasa*, « les oreilles », en souvenir de rodéos à dos d'âne. Il fit partie de l'équipe chargée d'organiser l'enseignement de l'irlandais et d'en faire le cœur de l'instruction primaire. Si, dans le dernier recensement, un million de personnes disent avoir des notions d'irlandais, c'est à mon grand-père et à quelques autres enthousiastes qu'ils le doivent. Bref, un idéaliste avec de grandes qualités. Et pourtant...

Mon père l'adorait et continue de penser qu'il sortait tout droit de la cuisse de Jupiter. Un de ses frères aînés en doute un peu ; son père était pour lui « une chouette grincheuse ». Comme souvent dans les litiges familiaux, sans doute ont-ils raison tous les deux. De bien des façons, Graindeá était courageux, original, en avance sur son temps. Dès 1916, il avait publié un article dans *An Claidheamh Solais* soulignant les possibilités qu'offrait le tout nouveau cinématographe pour faire revivre les mythes et les légendes irlandaises. En 1919, il publiait un fascicule intitulé *Comhacht Uisce in Éirinn* qui annonçait le programme hydroélectrique des années 20, l'un des rares succès du jeune État. Il traduisit en irlandais des pièces de Daniel Corkry, et joua même certaines d'entre elles. Il écrivit de nombreux poèmes mélancoliques et originaux et une chansonnette fort plaisante. Il fit plusieurs traductions très remarquées en irlandais moderne à partir du vieil-irlandais, langue pour laquelle il nourrissait une passion et dont, selon lui, écrivains et poètes devaient s'imprégner. Plus je pratique l'art et la discipline de l'écriture poétique en irlandais, plus je m'incline devant sa perspicacité et son intelligence. Et pourtant...

Il faisait partie de la clique irlandophile de Cork, une chapelle élitiste et misogyne qui regardait de haut le reste du pays, peuplé de rustres à l'en croire. Il ne prononça jamais un mot d'anglais devant ses enfants, alors que sa femme ne parlait que cette langue. L'un de ses amis, que j'aurai la gentillesse de ne pas nommer, venait religieusement prendre le thé chez lui le dimanche et goûter aux gâteaux préparés par la maîtresse de maison à qui il ne daigna jamais adresser la parole, refusant de recourir à la *sacsbhéarla*, la langue saxonne abhorrée et redoutée. Le même homme, dit-on, corrigea la grammaire de sa femme mourante : elle lui demandait de lui passer le bassin, qu'elle appela *an áras* : *« An t-áras, a bhean, an t-áras »*, lui répondit-il sèchement. Ce furent les derniers mots qu'ils échangèrent.

Ma mère, en fille du Gaeltacht indépendante et ayant le sens de sa dignité, était horrifiée par ces manières. La politesse naturelle et la courtoisie des irlandophones l'emportaient généralement sur les questions d'intégrité linguistique : en présence d'une personne ne parlant pas l'irlandais, un groupe n'hésitait pas à poursuivre la conversation dans un anglais incertain plutôt que de la laisser à l'écart. J'ai hérité de ma mère le dégoût de cette grossièreté et du plaisir douteux qu'éprouvent certains à étaler d'une voix tonitruante un irlandais volontariste qui a réduit au silence femmes et enfants. Je le déteste d'une haine terrible. Si les matins d'hiver, avant le jour, je suis à mon bureau en train d'écrire, c'est aussi pour reprendre la langue irlandaise à ces *gauleiters* linguistiques, gérontes grisonnants, vêtus de gris et pensant en gris, qui ont tenté de faire de notre langue leur domaine réservé.

*

Mes parents se marièrent à Saint-Helens, dans le Lancashire. Ma mère exerçait en tant que généraliste dans un cabinet médical dont la clientèle se composait pour l'essentiel de mineurs. Mon père quant à lui était chef de clinique au Providence Hospital. Le mariage se déroula en irlandais, sous la houlette du prêtre qui les avait présentés l'un à l'autre et que l'on fit venir d'Irlande pour la cérémonie. Ils s'installèrent dans une maison de briques rouges toute neuve, bizarrement baptisée par mon père Banba, l'un des trois noms mythiques de l'Irlande. Elle avait été construite suivant les indications de ma mère qui, par la suite, ne devait plus jamais retrouver une maison à son goût ; aujourd'hui encore, quarante ans plus tard, elle la considère comme la demeure idéale. Malgré la tuberculose pour laquelle elle fut hospitalisée après ma naissance, elle se souvient de cette époque en Angleterre, quand elle exerçait son métier de docteur, comme de la plus heureuse de sa vie. Nous parlions irlandais à la maison, nounou comprise. J'ai revu cette dernière voici quelques années aux États-Unis, où elle habite, et j'ai découvert avec stupeur qu'elle n'avait que douze ans de plus que moi : « Mais ça devait être dur, si jeune, de t'occuper de notre maison ! », me suis-je exclamée. « Nuala, m'a-t-elle répondu, je n'ai jamais levé le petit doigt. Je devais juste parler irlandais avec les enfants. » Lorsque nous quittâmes l'Angleterre, ma sœur Neasa, âgée de quatre ans, ne connaissait que deux mots d'anglais, *Mammy's car*, l'équivalent irlandais, *gluaisteán*, s'étant avéré trop compliqué pour sa bouche d'enfant.

Ma mère était dans son élément en Angleterre mais pas

mon père. Il ne supportait pas le racisme auquel il se heurtait, non de la part des gens du Lancashire mais plutôt de la part de ses collègues, qui auraient pu faire preuve de plus de délicatesse. Il avait conservé son nom irlandais, Seamus Ó Dhomhnaill, au détriment de l'équivalent anglais, James O'Donnell, ce qui était mal perçu et prêtait le flanc à des jeux de mots idiots. Au bout de huit ans, il était excédé : il se donna deux années encore, un compte rond, pour changer son nom ou rentrer en Irlande. Quand un poste de chirurgien se libéra dans le comté de Tipperary, à Nenagh, il bondit sur l'occasion. La famille accueillit la nouvelle avec la plus complète incrédulité. Où diable se trouvait Nenagh ? Ma mère refusait de croire qu'il existait une ville de ce nom dans toute la province de Munster. C'était sûrement au bout du monde, au fin fond des régions du centre, dans l'œil mortellement calme du cyclone, sous des latitudes hostiles, la vallée des Veuves borgnes ou quelque chose dans ce goût. Elle avait raison. Nous avons vécu là-bas quinze ans et je ne m'y suis jamais plu. On me rappelait sans cesse que j'étais une étrangère. Nous sommes partis sans regret, comme nous étions venus.

Avant cette époque, lorsque nous passions des vacances dans le comté de Kerry, j'avais déjà conscience de ma « différence ». Je me souviens d'avoir essayé d'expliquer aux enfants du village ce qu'était la télévision. En ce temps, Cahiratrant ne connaissait que les routes en terre et n'avait ni l'eau courante ni l'électricité ; les femmes et les filles allaient aux toilettes dans l'étable, les hommes et les garçons dans les champs. Un après-midi, nous faisions une course d'escargots devant la maison. Est-ce que je faisais des courses d'escargots en Angleterre, me demanda-t-on. Euh, non... Pourquoi ? Euh, ch'sais pas, il n'y avait pas d'escargots ou personne avec qui faire la course. Mais alors, à quoi jouions-nous ? Eh bien, on regardait la télévision. C'est quoi, la télévision ? Alors, voilà, c'est une boîte dans un coin et dedans on voit plein de choses, Blanche Neige et les sept nains, Robin des Bois, Cisco Kid et Pancho, The Lone Ranger qui est toujours plus fort que les méchants et bien sûr Mr Ed, le cheval qui parle... Ça, c'était trop, j'avais dépassé les limites. Ils retournèrent aux choses sérieuses, un silence absolu me signifiant avec éloquence leur mépris pour la menteuse qui s'était infiltrée en leur sein.

C'est à Nenagh que ce malaise se transforma pour moi en drame et en horreur. L'Irlande où nous nous installâmes dans les années 50 était une sorte d'Albanie de l'esprit, un État sclérosé, très pauvre, dirigé par une gérontocratie exclusivement préoccupée de cérémonies nationales dont le président De Valera, aveugle et inflexible, constituait le meilleur représentant. Un désespoir diffus planait sur le pays, tel une moderne malédiction de Macha. On sentait dans l'air une hystérie religieuse mal contenue, une violence, dont je réalise rétrospectivement qu'elles étaient alimentées par une lourde répression sexuelle. À l'école, l'apport pédagogique se réduisait au minimum mais on ne transigeait pas sur une discipline de fer. Quant aux femmes mariées, une loi leur imposait de renoncer à tout travail salarié. Ma mère adorait son métier, elle se reconnaissait dans son rôle de médecin. L'abandonner lui porta un coup terrible en sapant la base de son identité : elle sombra pendant quinze ans dans ce que l'on appellerait aujourd'hui une dépression mais qui à l'époque ne méritait pas tant de considération. Elle essaya de s'occuper malgré tout. Ainsi elle se porta volontaire pour accompagner en tant que médecin le pélerinage du diocèse à Lourdes ; à cette occasion, afin d'obtenir son passeport, elle découvrit qu'elle devait demander la permission de quitter le pays à son mari. C'en était trop pour cette femme indépendante, presque quadragénaire et qui avait mené pratiquement seule un gros cabinet médical. La tension montait. Pour moi, une détresse indicible reste associée à ces années et à cette ville ; je réalise aujourd'hui qu'en tant que fille aînée, j'avais sans doute repris à mon compte une part du malheur profond de ma mère. J'ai lu avec stupeur le *Journal irlandais*, de Heinrich Böll, me demandant comment le même pays à la même période avait pu lui sembler si différent. Je n'en garde que le souvenir d'une horreur sans nom, mixture entêtante d'obsession religieuse et de violence physique. Un décalage vertigineux existait entre le pouvoir reconnu aux hommes et aux femmes. Ces dernières exerçaient, comme toujours en Irlande, un énorme pouvoir psychologique et spirituel, privé cependant de toute concrétisation dans la vie publique. Cette énergie féminine immense, maintenue sous un couvercle de plomb, dépourvue d'un champ d'action utile où éprouver son dynamisme, prenait un caractère introverti et écœurant.

L'image la plus vive qui me reste de ce temps est celle des processions de la Fête-Dieu. Nous attendions à la grille de l'ancienne prison, nous les petites filles vêtues de blanc, rangées à côté de dames d'âge moyen, fortes femmes et grand-mères pour bon nombre d'entre elles, heureuses d'arborer un voile blanc et une cape bleue qui les désignaient pour le rôle doublement dépendant d'« enfants de Marie ». Les nuages roulaient au-dessus de nos têtes, menaçant de gâcher la procession ; alors ces dames, mues par une sympathie magique envers les éléments, entonnèrent un mantra, une prière pour éloigner la pluie, adressée à sainte Thérèse de Lisieux : « Petite Fleur, en cet instant, montre ta puissance. » Cela continua pendant des heures. Entre l'encens, le bourdonnement des chants, l'oscillement des bannières et des reliques dans les rues de la petite ville, le rayonnement de l'ostensoir au-dessus de la foule, la pluie de pétales de roses, faut-il s'étonner si je découvris, en levant la tête, non pas des nuages mais le manteau de la Vierge : un vrai miracle !

À la pension, les choses ne se passèrent pas mieux. Je n'avais pas l'étoffe de la pensionnaire. Peu sociable dès l'âge de douze ans, j'étais en passe de devenir une solitaire endurcie. La compagnie forcée d'une centaine de filles, sans compter quarante religieuses, c'en était trop. Je contournai le problème en me fabriquant une personnalité raisonnablement extravertie qui m'a bien servi depuis. J'hésite à dire qu'il s'agit d'une façade car je m'y suis habituée comme à une seconde peau. Mais au fin fond de moi reposait un lac de vitriol, une rage bouillonnante que rien ne pouvait apaiser. J'essayai de la chasser en tenant mon journal, entreprise hasardeuse étant donné l'absence totale d'espace privé. Des filles avaient été renvoyées ignominieusement pour de simples lettres. J'adoptais un code en irlandais sachant que la sœur sur laquelle je pouvais compter pour mettre le nez dans mon journal ne parlait pas un mot d'irlandais, et que la seule religieuse qui avait quelques notions de la langue était une vraie dame et ne se serait jamais abaissée à commettre une telle indiscrétion. Ce journal fut ma bouée de sauvetage. Avec lui, je pris l'habitude d'écrire chaque jour quelques lignes, ne serait-ce qu'une bribe de rêve. Il constitua un apprentissage idéal pour un poète puisque j'utilisais les mots afin d'exprimer des sentiments très personnels d'une façon déguisée qui en masquait le noyau même. Très naturellement, l'écriture s'imposa à moi comme un procédé me permettant de faire face à une situation intolérable.

J'appris par cœur des centaines de chansons et de poèmes qui n'avaient rien à voir avec l'enseignement que l'on nous dispensait. Les poètes du Munster des XVIIe et XVIIIe siècles et les chants traditionnels me firent vivre ma première passion littéraire ; ils demeurent mon plus cher réconfort. La définition que Sorley Mac Lean donnait de leurs équivalents en gaélique écossais s'applique parfaitement à ces textes : « Des mélodies ineffables qui s'élèvent comme les émanations du rythme et de la sonorité des mots ; des chants qui rendent intolérable la disparition du gaélique à ceux qui connaissent la langue et qui sont tant soit peu sensibles au mariage, ou plutôt à la création simultanée, des mots et de la musique. » Devant la maladresse de mes premiers essais poétiques en anglais, il me parut naturel de tenter l'expérience en irlandais. Je compris que cela me réussissait mieux. À dix-sept ans, les dés étaient jetés, je rimaillais. Je me dis souvent que j'ai découvert l'irlandais comme langue littéraire grâce à mon enfance en Irlande. Je n'aurais pu me l'approprier ailleurs. Celle que je serais si ma famille n'avait pas quitté l'Angleterre, ce double qui m'observe par-dessus mon épaule quand je voyage dans le Lancashire, ne connaît pas l'irlandais. Il ne serait pas devenu poète, encore moins poète écrivant dans cette langue. Il n'aurait pas pris sa plume pour la défendre contre ceux qui la détruisent, en font un mauvais usage, la calomnient. Et il n'aurait pas pu, ainsi, se sauver lui-même.

*

Au début, l'université m'offrit un sentiment de liberté dont j'avais grand besoin après la sévérité de la pension. Et puis la catastrophe se produisit, sans s'annoncer comme telle : je tombai amoureuse. Il se trouve que l'homme concerné était un géologue turc. Musulman et pas Irlandais. Convaincue pour une fois que quelque chose valait la peine de se battre, je jouai mon va-tout et je fis voler en éclats le château de cartes de la respectabilité bourgeoise à laquelle ma famille s'exerçait depuis des années. La leçon fut brève et cinglante : je découvris que mes peurs les plus profondes n'étaient pas absurdes ; que le pressentiment d'une horreur sans bornes, souvenir le plus fort de mon enfance, correspondait à une intuition assez juste de la réalité ; que les rapports entre les hommes ressemblent à un pont de corde élimée jeté au-dessus de l'abîme bouillonnant de l'âme. Je vis s'ouvrir sous mes pieds le gouffre de la mentalité patriarcale qui sous-tend les discours et les institutions de l'Occident. L'État, l'Église et la famille pesèrent sur moi de tout leur poids, ce qui pourrait sembler incroyable en cette fin de XXe siècle si l'on n'avait à l'esprit des exemples récents de ce que le sectarisme et le traditionalisme peuvent produire, qu'il s'agisse de cette jeune Irlandaise violée que l'on voulait empêcher d'aller avorter en Angleterre, ou des crimes fanatiques commis en Irlande du Nord comme en ex-Yougoslavie.

Après le désastre, errant dans un paysage d'apocalypse intérieure privé de jalons, je découvris que mes mélodieux poètes du Munster ne signifiaient plus rien. Je construisis de bric et de broc, dans un état second, une philosophie de l'art et de la souffrance à partir d'ouvrages empruntés au hasard, *Philosophy in a New Key* et *Significant Forms*, de Suzanne Langer, *Vers un théâtre pauvre*, de Jerzy Grotowski, et quelques autres qui s'enrichirent mutuellement. J'exposai cette théorie à mon fiancé d'alors (mon mari d'aujourd'hui) et l'oubliai aussitôt. Seuls les sonnets de Shakespeare me touchaient encore : « Ne soit admise opposition au mariage des vrais esprits. L'amour n'est pas l'amour qui change au changement, ou qui tend à partir avec celui partant. » (Traduction de Pierre Jean Jouve.) Je lisais aussi les *Dream Songs*, de John Berryman :

> Et Dieu nous réserve bien d'autres surprises, comme
> quand l'homme qu'on redoute le plus au monde épouse votre mère
> et d'autres hommes
> glaçant de tribus lointaines armés dans l'obscurité, dans la terre
> profonde, la balafre soudaine de la trahison d'un vieil ami,
> des mots jaillis qui vous laissent pâle.

Ma santé mentale survécut in extremis grâce à un don spontané de mon inconscient, après neuf mois d'une étrange gestation : au cours de quelques journées de grand vent, comme si les éléments avait soulevé en moi une tempête, j'écrivis une série de poèmes en irlandais que j'intitulai par la suite « Mór poems ». J'avais assemblé des bribes d'histoires toujours vivantes dans la mémoire collective sur Mór of Munster, déesse de la Souveraineté, replacées dans un contexte actuel. Des années plus tard, j'ai déniché le texte du haut Moyen Âge qui évoque ce personnage mais, à l'époque, je travaillais exclusivement à partir de la tradition orale et populaire dans laquelle survivaient quelques restes du vieux conte. Je fus la première surprise par mes poèmes ; il m'a fallu plus de vingt ans pour analyser les thèmes que j'avais utilisés intuitivement. L'un d'eux abordait la métamorphose du féminin méprisé et rejeté, à travers l'histoire d'une horrible vieille femme rendue à son juste état de *spéirbhean.* Sans le savoir, j'avais touché l'une des trames les plus profondes de la littérature irlandaise depuis l'époque médiévale jusqu'à nos jours. De façon caractéristique, j'en avais inversé le mythème. Aujourd'hui encore, j'accorde de l'importance à ces poèmes : avec eux, j'avais eu l'intuition d'un fait psychique capital pour notre temps.

Dans son ouvrage *Étrangers à nous-mêmes*, la théoricienne féministe Julia Kristeva suggère que l'un des grands problèmes de notre époque réside dans l'implosion de notre espace psychique ; en tant que système de croyance, le christianisme a perdu sa force sans que d'autres systèmes prennent la relève durablement. L'imagination ne dispose plus d'un réceptacle culturel, sorte d'antichambre où le contenu de l'inconscient pourrait transiter et se transformer avant d'entrer dans le monde extérieur. Ainsi, le symbolique, qu'il s'agisse de fantaisies utopiques ou de ces constellations d'énergie que sont les dieux, est contraint de se manifester d'une façon enfantine et littérale, sous une forme qu'il n'aurait jamais dû emprunter pour apparaître dans le monde. La pratique et l'autodiscipline de la poésie m'ont appris qu'un individu ou une société nie à son propre péril sa part affective et imaginaire que l'on pourrait appeler l'âme. Il existe une fonction mythopoïétique naturelle à l'homme, qui partout et toujours demande à s'exprimer mais qui se heurte dans la civilisation occidentale à la dualité instaurée entre la raison et l'esprit : elle s'est abîmée dans cet entre-deux. Si cette dimension mythique doit s'exprimer, cela ne signifie pas pour autant qu'elle doit se manifester de manière littérale. Ce serait aussi peu justifié que de « vivre » un rêve sans tenir compte de la différence entre le monde extérieur et celui des songes. La vérité mythique et la vérité empirique sont des variétés différentes de réalité. La première a été dénigrée et étouffée par la stricte rationnalité occidentale. Ce qu'il faut, c'est lui trouver une place dans nos vies afin qu'elle puisse se jouer, danser sa danse à son propre rythme, celui que lui donne l'imagination. Les hasards de l'hérédité ou de l'éducation m'ont donné un véhicule pour cette danse, la poésie, et je suis convaincue que l'on ne peut accorder qu'une valeur très limitée à la phrase de Auden selon laquelle la poésie ne fait pas advenir les choses. L'articulation de l'image, du mètre et du mot dans ces messages et ces intuitions venus de « l'autre monde », par-delà la conscience, change les choses en les cristallisant. Grâce à cette alchimie intérieure, des entités disparates mises sous pression dans la cornue d'une personnalité, d'un individu, se modifient comme le charbon devient diamant, dans les profondeurs de la terre. Chaque poète digne de ce nom relève le défi de la reine dans le conte de Rumpelstilzchen : transformer la paille en or. Yves Bonnefoy avait formulé ainsi la chose, en réponse à un poète irlandais qui rappelait de manière inexacte la célèbre définition du surréalisme en poésie, rencontre d'un homard et d'une machine à coudre sur une table à repasser : « Nous parlons de métamorphose, Monsieur, pas de métaphore. » Il ne s'agit pas d'une opération facile et, de fait, les poètes paient souvent un prix élevé pour y parvenir. Nous subissons dans ce processus l'effondrement des frontières du moi. Si le mythe sumérien d'Inanna fournit une métaphore de ce procédé de transformation, il nous rappelle aussi sa dure réalité :

> Inanna fut transformée en cadavre.
> Un morceau de chair pourrissante,
> et fut suspendue à un crochet du mur.

Comme dans ce mythe, à partir des petits riens oubliés de

notre vie, en un lieu proche « du dépotoir du cœur » de Yeats, nous créons à la manière du légendaire père Enki des *kurgurra* et des *galatur*, menues créatures qui voyagent dans le royaume d'en bas, compatissent avec la grande douleur de la reine Erishkigal et se voient offrir en retour la dépouille d'Inanna qu'ils rendent à la vie. Pour moi, ce mythe met en scène une façon de redonner sa place au féminin, de corriger le déséquilibre énorme qui règne dans le cœur des Occidentaux depuis que les Grecs de l'Attique refusèrent aux femmes l'accès à la *polis* et à l'*agora*, les bannissant ainsi de la citoyenneté intellectuelle. Les idéologies du héros masculin, incarné par Thésée, châtièrent alors en Méduse la face d'ombre de la déesse mère, et la refoulèrent comme Erishkigal dans les ténèbres du dehors où elle continue de gémir et de grincer des dents. J'ai le sentiment qu'aujourd'hui, enfin, ce déséquilibre est en passe d'être corrigé.

Un grand vide se tient au cœur du discours occidental, on l'a assez répété. La mort des méta-récits et le post-modernisme sont installés depuis de longues années. Mais j'irais plus loin : je crois fermement que nous vivons une grande mutation phénoménologique. Un nouveau *logos* est à portée de main : nous ne savons pas exactement ce qu'il nous réserve mais il est temps de prendre acte du renouveau qui se profile à l'horizon et dont nous avons un besoin vital. Une transformation dans le discours s'est produite à l'époque de Descartes, Galilée et Bacon ; de même, ce processus se répète aujourd'hui alors que les conceptions occidentales se modifient pour intégrer des réalités jusqu'ici inconnues et impensables telles que l'avènement des femmes dans l'histoire, phénomène d'une ampleur sans précédent qui s'accompagne d'un bouleversement des consciences. Un nouveau type de discours est déjà en place, à la fois produit et producteur de cette évolution.

Comme aux moments les plus difficiles de mon drame personnel, je cherche maintenant, en poète, à décrire ce changement que je perçois dans l'air. Et une fois encore, le vieux mythe de la Souveraineté me donne une réponse. Tout au long du Moyen Âge, on trouve de nombreuses versions de cette histoire simple, qui d'ailleurs ne se déroulent pas toutes en Irlande. Mais elles ont en commun leur trame : une répugnante sorcière, *cailleach* ou *puella senilis*, qui symbolisait la terre du clan voire l'île entière, s'unit charnellement au héros ou au roi et redevient elle-même, une *spéirbhean* ou « femme du ciel ». Cette tradition est au cœur du genre poétique irlandais dit *aisling*, on la retrouve dans le grand poème de Merriman, « The Midnight Court », et elle a même été recyclée avec audace par Yeats qui y introduit un sentiment nationaliste très début de siècle :

> - Avez-vous vu une vieille femme sur cette route ?
> - Non mais j'ai vu une jeune fille et elle avait la démarche d'une reine.

Ici, la sorcière est devenue une reine par la grâce du sacrifice des hommes partis faire la guerre pour « Irlande » ; cette version a eu une énorme influence idéologique sur la tradition nationaliste, avec les résultats que l'on sait. Parmi les versions moins meurtrières de ce mythe toujours vivant, j'aimerais raconter celle qui met en scène Mish et Dubh Ruis, non seulement parce que c'est une bonne histoire mais aussi parce qu'elle me semble fournir une métaphore de ce renouveau de la conscience auquel nous assistons :

> Mish était la fille de Bolcán, le plus grand chef de guerre de Daíre Donn, souverain du royaume de l'Est qui entra dans Ventry et fut promptement envoyé dans l'éternité avec tous ses hommes par Fionn Mac Cumhail et les Fianna dans la bataille de Ventry, dont certains disent qu'elle dura un an et un jour. Quand Mish trouva le corps de son père décapité, étendu sur le sable, elle suça ses blessures, but le sang et s'enfuit en proie à la folie dans les régions sauvages. De la fourrure lui poussa partout sur le corps ainsi que des griffes comme des poignards avec lesquelles elle attaquait et mettait en pièces tous ceux qu'elle rencontrait. Sa folie était si intense qu'elle courait aussi vite que le vent : pas un être vivant ne lui échappait. Elle mangeait la chair et buvait le

sang de tout ceux qu'elle attrapait. La baronnie de Clainne Mhuiris fut abandonnée par les hommes car le roi avait décrété que personne ne devait la tuer. Le roi, un homme astucieux, se dit qu'un demi-royaume valait mieux que pas de royaume du tout : il en promit donc la moitié, et la main de Mish, à quiconque la prendrait « attention, vivante », dit-il, toujours respectueux de ses origines royales. Tentés par l'offre, les meilleurs guerriers l'affrontèrent, tout en armure, mais ils n'eurent pas de chance : elle les réduisit en bouillie. Il ne restait plus beaucoup de guerriers dans le royaume. Le roi commençait à être inquiet.
- Si vous êtes d'accord, lui dit Dubh Ruis, le joueur de harpe, je vais tenter le coup.
- Toi ! s'exclama le roi. Et puis-je te demander avec quelle arme ?
- Avec ma harpe.
- Avec ta harpe !
Le roi se mit à hurler de rire mais quand Dubh Ruis lui dit qu'il aurait besoin d'une poignée d'or et d'une poignée d'argent pour accomplir sa tâche, il les lui donna. Dubh Ruis prit l'or et l'argent et grimpa le flanc de la colline de Slieve Mish où il pensait pouvoir trouver Mish. Il étendit sa cape sous lui et disposa l'or et l'argent sur les bords. Puis il se coucha sur le dos, plaça la harpe sur lui, défit son pantalon et s'exposa, et il commença à jouer. Soudain, elle fut là, perchée sur un arbre au-dessus de lui. D'un bond, elle s'approcha.
- N'es-tu pas un être humain ? demanda-t-elle.
- Oui, dit-il.
- Qu'est-ce que c'est ? dit-elle en posant la main sur la harpe.
- Une harpe, dit-il.
- Hmmmm, dit-elle, je me souviens des harpes. Mon père en avait une. Joue pour moi !
- Oui, dit-il, si tu ne t'en prends ni à moi ni à mes biens.
- Tope là, dit-elle, je ne te ferai pas de mal.
Puis elle aperçut l'or et l'argent.
- Qu'est-ce que c'est ?
- De l'or et de l'argent.
- Je crois que je m'en souviens. Mon père avait de l'or autrefois.
Puis elle jeta un regard à sa nudité, à sa charmante virilité, et lui dit : « Qu'est-ce que c'est ? », en désignant ses couilles. Il le lui dit.
- Et cela, qu'est-ce que c'est ? dit-elle en désignant l'autre chose qu'elle voyait.
- Un bâton à jouer, dit-il.

- Bizarre, dit-elle, je ne me souviens pas de ça. Je ne pense pas que mon père en avait un. Un bâton à jouer, dis-tu, répéta-t-elle, et comment y joue-t-on ?
- Assieds-toi près de moi, dit-il, et je jouerai avec toi au jeu du bâton.
Ce qu'elle fit et ce qu'ils firent et...
- Ah là là, dit-elle, ça, c'est un bon jeu. Fais-le à nouveau.
- Oui, dit-il, mais d'abord je vais jouer un peu de harpe pour toi.
- Jette cette sacrée harpe, dit-elle, et joue au jeu.
- Il faut d'abord que je mange, dit-il, je suis affamé.
- Je vais attraper un cerf, dit-elle.
- J'ai du pain, dit-il.
- Où est-il ? demanda-t-elle.
- Ici.
- Ah, dit-elle, je me souviens du pain. Mon père en avait.
Et elle ajouta : « Ne me quitte pas. »
- Je ne te quitterai pas.
Le résultat de tout ça, c'est qu'il cuit le cerf et elle se souvient que la viande cuite est meilleure que la viande crue. Puis il fait bouillir la graisse de l'animal et en frotte la peau de Mish jusqu'à ce qu'une bonne partie de la fourrure tombe. Il lui prépare un lit de mousse, la couvre avec la peau du cerf et s'étend près d'elle. Le lendemain, il construit une hutte pour elle. Elle ne se réveille pas avant l'après-midi et, le croyant parti, elle lance une complainte où figurent ces lignes impérissables : « Ce n'est pas l'or qui me manque, ni la douce harpe, ni les couilles, mais le bâton à jouer de Dubh Ruis Mac Maghnaill. »

L'idylle dure deux mois. Chaque jour, Dubh Ruis baigne et frotte Mish tant et si bien que sa fourrure finit par disparaître ; la mémoire et la raison lui reviennent. Alors il l'habille magnifiquement et l'emmène à la cour. Elle retrouve sa beauté et l'âge qu'elle avait avant de devenir folle. Dubh Ruis l'épouse, elle lui donne quatre enfants. Mish resta dans les mémoires comme l'une des femmes du Munster les plus belles et les plus accomplies de ce temps.

Cette histoire, à l'image des vérités qui résident au cœur de chaque religion, me semble être un don de l'inconscient. On ne peut l'expliquer rationnellement, mais on peut la méditer, être troublé par elle, fasciné, et la raconter encore et encore. Outre sa finesse psychologique qui fait triompher l'homme vulnérable et nu, et non pas les héros conquérants, un autre aspect de cette légende me semble pertinent pour notre époque. Elle était sans doute jouée publiquement en son temps, elle avait une résonance sociale et politique dont nous pouvons tirer une leçon. En chacun de nous, le roi doit mourir : alors, l'énergie « sorcière » se libère et le féminin trop longtemps contenu s'accomplit enfin. L'être humain livre ensuite bataille avec ce qui, en lui, est obscur et effrayant, cachant son amertume loin de ses semblables. Puis une nouvelle forme d'énergie s'affirme dans l'inconscient : défiant la sorcière, s'unissant à elle, elle met au jour la réalité consciente de la déesse, sa réalité de *spéirbhean.* Je pense qu'une dynamique semblable a lieu en Irlande. Une force puissante agit, qui suscite une certaine appréhension mais aussi de l'enthousiasme chez ceux qu'elle mobilise. La poétesse Eiléan Ní Chuilleanín a repris l'image de la statue de Pygmalion s'animant soudain pour figurer ce phénomène. La représentation du féminin, jusqu'ici artificiellement construite par l'homme dans le discours occidental, acquiert une vie propre, intense, vaste. Bouclée comme Méduse, elle se dégage de la matrice naturelle :

L'image de Pygmalion

Son visage de pierre, posé les yeux ouverts dans les fougères,
Mais aussi tout ce que l'horizon de la vallée contient, commence à bouger
(Et au-delà de l'étendue, les camions filent sur l'autoroute).

Un arbre se dilate en douceur au bord de la colline ;
Un insecte s'écrase sur la paupière sculptée ; l'herbe souffle à l'ouest à partir des racines,
Tandis que le vent tranche sous sa peau et l'ébouriffe comme un livre.

Les cheveux raides sont vrais, se tordant comme des serpents ;
Un bruissement de veines, le sang qui bat dans la gorge ;

> Les traits du visage se mêlent et se forment et
> La feuille verte du parler se tord et s'extrait de sa bouche.

Une langue nouvelle est en gestation. Et c'est là que moi j'interviens. La langue irlandaise ne vaut que par son rôle de *cailleach* : non hellénisée, non romanisée (au sens où les Romains n'ont jamais conquis l'île), elle témoigne d'idées et de concepts très anciens, dont certains remonteraient au paléolithique. Lorsqu'elle accède au domaine de l'écrit sous l'influence de l'Église, les moines restent incorrigiblement païens et transcrivent, sous une forme légèrement édulcorée, nombre de mythes et de sagas antiques. Grâce à eux, nous possédons un corpus de textes médiévaux en langue vernaculaire qui ne le cède à aucun autre et qui mériterait une reconnaissance bien plus large que celle dont il bénéficie actuellement. Cette langue raffinée, reflet de la culture littéraire des cours royales d'Irlande, s'efface de l'histoire après la bataille de Kinsale, en 1601, quand l'ordre social qui l'étayait s'effondre. Ces récits et cette langue deviennent alors ceux des paysans, au moment même où la plupart des grandes langues européennes sont soumises à la logique rigoureuse des Lumières. Ainsi, l'irlandais s'élabore à l'écart de la culture européenne dominante ; il n'est pas modelé de l'intérieur par la notion occidentale de progrès qui a servi depuis à stigmatiser son « archaïsme ». Cette période de bannissement lui a peut-être fait plus de bien que de mal, selon la façon dont on considère les choses. Ma tâche, en tant que poète, consiste à mobiliser ses registres ludiques et à exprimer, au travers de sa dynamique propre, les réalités de ma vie et de mon temps, celle d'aujourd'hui, de maintenant. Pour faire cela avec sérieux, je dois travailler la langue, l'étudier chronologiquement dans les textes et synchroniquement dans la langue parlée contemporaine, ne serait-ce que celle de la radio, et dans le fonds très riche du Department of Folklore, au University College de Dublin. J'aime à penser que mes poèmes sont engendrés par la puissance de la langue irlandaise. Je sais que certains d'entre eux n'auraient pu être conçus en anglais, du moins pas dans l'anglais approximatif qui est le mien malgré mon amour pour cette langue.

La *cailleach* est entrée dans ma vie quand j'avais dix-neuf ans et que je traversais une crise personnelle très grave ; elle y est encore aujourd'hui alors que je récapitule un parcours, le mien et celui de plusieurs générations. Je peux maintenant transposer cette image dans un contexte social et intellectuel, ce dont j'étais bien incapable à l'époque où j'avais pour seule arme mes poèmes :

Ce que vit Donncha Dí

Elle se tenait nue
dans le noir,
les paumes froides
telles des poissons lumineux
sur mes épaules ;
son ventre
lançant des flammes
sous les deux lunes
de ses seins.
Je plongeai ma tête
dans ses cheveux d'algues
et des vagues amères
me meurtrirent et me malmenèrent,
nos vagues galopantes
se figèrent en rats ;
tout s'empourpra.

Le matin au réveil,
la tête douloureuse,
je la vis couverte d'écailles cireuses,
des dents pourries depuis l'abysse
rageaient et sifflaient contre moi.
Je pris ce que j'avais
et en hâte m'en allais.

Je suivis le bon conseil de mon propre poème et quittai

l'Irlande dès que j'atteignis l'âge légal pour pouvoir sortir du pays sans avoir à demander l'autorisation à mes parents.

Deux années très formatrices en Hollande m'offrirent un horizon différent par rapport auquel me définir ; je découvris la richesse d'une culture incarnée dans le concret dont l'Irlande n'a pas l'équivalent, cet âge d'or de l'art hollandais et flamand qui fleurit à l'époque où nous, « simples Irlandais », relégués dans l'oubli par les lois pénales, devions nous contenter d'une culture orale. Puis cinq ans passés en Turquie me permirent de porter un regard non-européanocentriste sur la réalité. Notre installation dans ce pays se fit hélas à un moment défavorable. Au cours des années 70, le régime fut progressivement déstabilisé ; malgré son peu de poids électoral, le petit parti mené par Aspaslan Turkes se tailla une place sur l'échiquier politique à grand renfort d'assassinats politiques et d'actes terroristes. La gauche se mobilisa et, très vite, le pays fut divisé en deux camps irréconciliables, situation qui rappelait à plus grande échelle celle du Nord de l'Irlande. Si là-bas les violences sectaires faisaient trois morts par semaine, en Turquie on en comptait trente ; le pays était au bord de la guerre civile. Je ne voulais pas que mes enfants grandissent dans ces conditions. De plus, à la suite de difficultés personnelles, j'avais recommencé à écrire des poèmes en irlandais ; cette activité avait pris une énorme importance pour moi et je découvris que je souhaitais désormais m'y consacrer. J'envoyai un dossier aux Arts Council, ou Chomhairle Ealaíon, et obtins une bourse d'écriture d'un an. Je laissai tomber mon boulot à l'université, je vendis les meubles pour acheter les billets, je dis à mon mari qu'il pouvait me suivre s'il le voulait et je partis pour le Kerry.

La réalité s'avéra moins rose que ne me l'avait laissé imaginer l'éloignement. La femme romantique qui s'était enfuie avec un Turc revenait accompagnée de deux enfants et sans mari, elle était *persona non grata.* Le syndrome de la réintégration me rappela ce que les plongeurs appellent la maladie des caissons : la décompression fut beaucoup plus douloureuse que le prétendu choc culturel de l'arrivée en Turquie. J'avais l'impression de revenir aux courses d'escargots de mon enfance. Le monde était vaste, je voulais en parler mais un silence assourdissant m'entourait. Ça n'intéressait personne.

*

J'entretiens avec l'Irlande une relation complexe ; je suis emprisonnée dans ce rapport d'amour-haine depuis toujours, en tout cas depuis que je suis venue vivre dans ce pays à l'âge de cinq ans. Pourquoi est-ce que je reste ? Selon la formule de Michael Ignatieff, j'ai choisi mon pays plutôt que d'en hériter, un choix de langue et non de lieu, bien qu'il m'arrive parfois de me sentir plus exilée à Dublin que sur les étendues venteuses du plateau anatolien. Je ressens une allégeance de base à l'irlandicité dont je dévide sans cesse le fil. Il faut reconnaître que j'en trouve peu de manifestations dans le désert des banlieues sud de Dublin où prolifèrent des cités aux noms ronflants, Richmond Downs, Westbury Heights ou autres ; elles singent la magnificence du Sud-Est de l'Angleterre que les Anglais du Nord ne s'abaisseraient pas à imiter, sûrs qu'ils sont de leur culture locale. Une certitude que nous avons perdue, semble-t-il.

Malgré tout, à Dublin, j'ai ma Radio na Gaeltachta, ma Radio la Vie, et un réseau d'environ cinq cents irlandophones que je n'ai jamais entendu proférer un mot d'anglais bien qu'ils le parlent certainement, quand j'y réfléchis. Je peux aussi fréquenter le fonds de l'University College offert dans les années 30 et 40 par des gens qui me sont connus et que j'aime. Ce matériel alimente naturellement mon écriture, avec son vocabulaire, sa syntaxe et ses thèmes. Pour des raisons que je m'explique mal, des vers en irlandais jaillissent des profondeurs de mon être chaque fois que je traverse une crise ; la poésie m'aide à structurer une personnalité profondément fracturée qui sans elle n'aurait pu survivre en tant qu'entité pensante. En d'autres mots, elle m'a sauvée de la folie. Parfois aussi, elle n'a pas rempli son office : comme l'écrit Máire Mhac an tSaoi, qui s'est également penché sur le problème du multilinguisme, il m'est arrivé de rester « sans parole en deux langues ».

Au moment où j'écris cela, un profond changement prend place en Irlande, Nord et Sud confondus, avec la fin de vingt-cinq ans de violence. Nous sommes sortis du tunnel sans nous en rendre compte sur le moment car nous étions plongés dans la nuit. Aujourd'hui seulement, alors que s'éloignent les échos du passé qui nous assourdissaient et étouffaient dans l'œuf toute tentative de discussion, nous réalisons combien de temps nous sommes restés piégés. J'ai entendu ce matin sur Radio na Gaeltachta que Seamus Heaney a remporté le prix Nobel de littérature. La nouvelle suscite un enthousiasme stupéfiant en Irlande, une joie palpable. Ce n'est pas un hasard si une telle récompense arrive maintenant. Elle prouve une nouvelle fois que la poésie compte, qu'il ne s'agit pas de vains mots. Nous autres, praticiens endurcis, n'avons jamais douté de la valeur de cette recherche silencieuse et solitaire mais elle trouve enfin une reconnaissance publique. Nous savons que cet honneur couronne l'œuvre personnelle de Heaney mais aussi tout ce qu'il représente. Il a adopté notre perception du monde, à nous autres « Irlandais bouseux », il l'a exprimée dans toute sa diversité, il lui a donné toute sa force artistique et l'a lancée par-delà les frontières où elle s'est imposée comme une version plausible de la réalité. Ainsi, il nous a rendus à nous-mêmes, il nous a redonné une confiance que nous avions perdue depuis l'abattement total provoqué par la Grande Famine et le morcellement de la société qu'elle avait provoqué.

« La Famine a laissé un cortège de séquelles toujours présentes dans notre vie et dans nos mentalités, l'hémorragie des jeunes, la corruption de notre spiritualité, la destruction de notre esprit d'indépendance et du sentiment de notre identité », écrivait John Waters dans un article récent. Nous commençons enfin à aborder de face ces traumatismes. Nous émergeons d'un état second, d'une mort vivante sans mémoire. Nous sommes enfin capables, cent cinquante ans plus tard, d'extérioriser et de décrire la catastrophe : à preuve, le Famine Museum ouvert depuis peu dans le comté de Roscommon.

Poussée par mon infatigable désir d'apprendre à mes enfants ce qu'ils sont et ce que signifie ce pays, j'emmène donc Ayse et Selale voir le musée. Après l'éblouissement d'Eamhain Macha, nous éprouvons une légère déception. Je trouve la présentation audiovisuelle maigrichonne, il y a trop à lire et pas assez d'objets exposés ce qui d'ailleurs résume bien l'extrême pauvreté matérielle dont tant de gens périrent. Je suis frappée en particulier par l'indigence des documents en irlandais : un panneau, en tout et pour tout. Il donne principalement le nom des maladies qui exterminèrent les habitants, *an fiabhras dubh*, *an fiabhras bhui*, etc. On ne dit nulle part que 90 % des victimes de la famine ne parlaient que l'irlandais. Elles formaient les strates les plus déshéritées de la population et leur ignorance de l'anglais les maintenaient dans un dénuement pitoyable. De même, 70 % à 80 % des émigrants qui partirent à bord de rafiots étaient exclusivement irlandophones. Ces données fondamentales ne sont suggérées nulle part dans l'exposition, elles ont totalement disparu de la conscience nationale. Je découvre avec intérêt la maquette d'un *clachan*, avec ses terres gérées collectivement, ses champs « intérieurs » consacrés à la culture intensive, et « extérieurs » destinés au pâturage. L'exposition met également l'accent sur les méthodes de culture de l'époque, extrêmement efficaces pour les terrains pauvres dont disposaient les paysans. Tout cela renforce ma conviction que ces gens faisaient preuve d'une grande intelligence. De plus, loin d'être démunis et paresseux, ils travaillaient dur. Ils cultivaient la terre avec de simples bêches, labeur harassant mais seul susceptible d'assurer de bonnes récoltes. Les occupants du *clachan* savaient ce qu'ils faisaient. Mais le musée ne donne nulle part un aperçu des aspects non concrets de leur vie, de l'épanouissement de formes artistiques telles que le chant, la danse, la poésie et le conte oraux, sans parler de traditions plus fugaces comme l'art alerte de la plaisanterie et de la repartie. Grâce à mon enfance dans le Gaeltacht, je connais leur existence et je sais ce qu'une journée réserve en plaisirs du cœur et de l'esprit puisque ces traditions-là se pratiquent au quotidien. Un petit exemple : le révérend James Goodman de Ballymore, près de Ventry, professeur d'irlandais au Trinity College et joueur de violon célèbre, recueillit plus de quatre cents airs, que l'on joue toujours, auprès de Tomás Ó Cinnéide, un cornemuseur qui se convertit au protestantisme (« accepta la soupe », comme on dit) quand les prêtres de Dingle lui interdirent d'exercer son art, et de gagner sa vie, dans les fêtes locales. Ce Tomás était originaire comme moi de Cahiratrant et faisait partie de cette lignée de Kennedy qui s'éteignit avec Pats Mhic Ó Cinnéide, dans les années 80. Le musicologue Brendán Breathnach, qui travaillait sur ce recueil de chansons avant sa mort, évoque Tomás, paralysé du côté gauche « pour avoir joué de la musique magique au mauvais endroit et au mauvais moment », claudicant de long en large chez Goodman et sifflant inlassablement ses airs tandis que le révérend les reprenait à la cornemuse avant de les noter. Les mélodies sont consignées dans un carnet mais on ne sait pas si Goodman avait transcrit les paroles ailleurs. Enfant, je rêvais de retrouver ce deuxième carnet mythique, avec les mots de quatre cents chansons, toutes transmises par un seul musicien d'un petit village accablé de misère.

Je quitte le musée insatisfaite, saisie une fois de plus par le sentiment écrasant d'un gâchis absurde. Nous avons si bien oublié ces chansons que nous ne savons même plus qu'elles n'étaient pas en anglais. L'État post-colonial n'admet toujours pas cet aspect-là de notre traumatisme national, ce mutisme, cette perte de notre moyen d'expression. Je dirais plus, nous avons oublié que l'irlandais fait partie de nous, de notre perception du monde.

Sur la route de Longford à Dublin, j'ai la tête ailleurs, très loin. En pensant au musée, je médite un *mermaid poem*, un poème de sirène qui reprendrait la métaphore qui associe l'eau et l'irlandicité. Cent cinquante ans après avoir été contraints de quitter l'eau pour séjourner sur terre, les gens de la mer se décident enfin à ériger un musée consacré à ce drame. L'exposition propose une reconstitution de leur existence marine et présente d'innombrables spécimens de poissons, de coquillages et d'algues. Mais il manque l'eau. Au début, on pouvait en voir quelques gouttes mais au cours d'un été particulièrement chaud, le système de refroidissement est tombé en panne et le précieux liquide s'est évaporé. Contrairement au visage du Christ sur le suaire de Turin, qui n'est d'ailleurs qu'un faux de l'époque médiévale, l'eau ne laisse aucune trace. Partie, envolée...

... et pas un être ne savait
quelle était la chose qui lui manquait.

Des années plus tard, les enfants des gens de la mer
rêvent de l'eau.
Chaque semaine, en thérapie,
ils ont des difficultés
à décrire cette chose
dont ils rêvent.
Le vocabulaire leur manque,
la terminologie pour décrire « eau ».
Ils ne possèdent plus
les concepts adaptés.

« Un liquide transparent », dit l'une
dans un grand effort. « Oui,
murmure le thérapeute, continue. »
Elle essaie, « une fine masse qui coule »,

l'appelle-t-elle en cherchant lentement
dans le registre des mots. « Un film brillant,
une matière qui s'égoutte, un truc mouillé[4]. »

Ce sera un poème dans ce genre. Je le travaillerai et je pourrai l'envoyer au musée quand je l'aurai terminé. Peut-être qu'ils l'exposeront. Au moins, ce serait quelque chose en irlandais.

Texte traduit par Corinne Hewlett et Catherine Ianco

4. Les poèmes de l'auteur sont traduits à partir de traductions de l'irlandais à l'anglais de George O'Brien, Michael Coady, Medbh McGuckian et Michael Hartnett.

Envoi d'outre-mer

Poème de Marianne Moore.

Sojourn in the whale

Trying to open locked doors with a sword, threading
the points of needles, planting shade trees
upside down ; swallowed by the opaqueness of one whom the seas
love better than they love you, Ireland -

you have lived and lived on every kind of shortage.
You have been compelled by hags to spin
gold thread from straw and have heard men say :
"There is a feminine temperament in direct contrast to ours,

which makes her do these things. Circumscribed by a
heritage of blindness and native
incompetence, she will become wise and will be forced to give in.
Compelled by experience, she will turn back ;

water seeks its own level" :
and you have smiled. "Water in motion is far
from level." You have seen it, when obstacles happened to bar
the path, rise automatically.

Séjour dans la baleine

S'escrimant à ouvrir des portes verrouillées, faufilant
les pointes d'aiguilles, plantant des rideaux d'arbres
à l'envers ; engloutie par l'opacité d'une que les mers
aiment plus qu'elles ne t'aiment, Irlande -

tu as vécu, vécu, de pénuries en tous genres.
Des harpies t'ont contrainte à filer
de l'or à partir de la paille et tu as entendu des hommes dire :
« Il y a un tempérament féminin diamétralement opposé au nôtre,

qui lui fait faire cela. Retenue dans le cercle d'un
héritage d'aveuglement et d'originelle
incompétence, elle s'assagira et sera forcée de céder.
Contrainte par l'expérience, elle reviendra ;

l'eau cherche à trouver son niveau » :
et tu as souri. « L'eau en mouvement ignore
le niveau. » Tu l'as vue, lorsque des obstacles barraient
le chemin, s'élever automatiquement.

Poème traduit par Robert Davreu

Marianne Moore

Biographie des auteurs

Nuala Ní Dhomhnaill Poète. Née en 1952 au Lancashire, Angleterre, et élevée dans le *Gaelacht* du comté de Kerry. A vécu aux Pays-Bas et en Turquie. Habite actuellement près de Dublin. A largement réinventé la poésie en langue irlandaise, grâce à sa connaissance profonde des traditions folkloriques, et à la modernité et l'indépendance de ses vues. *Rogha Danta (Poème choisi*, bilingue, 1986) a connu plusieurs éditions, chacune rapidement épuisée, et a été couronné par des prix en Irlande et aux États-Unis. Ses poèmes ont été traduits par les plus grands poètes irlandais anglophones de notre époque.

Robin Glendinning Auteur dramatique. Né en 1938 à Belfast et élevé dans le comté d'Armagh et à Dublin. Habite actuellement à Island Reagh, dans le comté de Down. Enseignant dans le secondaire, il fut en 1970 un des activistes-fondateurs de l'Alliance Party de l'Irlande du Nord, première formation politique sérieuse non sectaire. Auteur de nombreuses pièces pour la radio, la télévision et la scène. Sa dernière pièce, *Summerhouse*, fut montée à Belfast à l'automne 1995. Abandonna l'enseignement en 1992 pour se consacrer entièrement à l'écriture.

Maurice Goldring Professeur à Paris VIII. Né en 1933. Auteur de plusieurs livres sur l'Irlande, dont les plus récents sont : *Pleasant the Scholar's Life* (Londres, 1995), et *Gens de Belfast* (Paris, 1994). A codirigé pour les Éditions Autrement *Dublin 1904-1924* (collection « Mémoires », 1991).

Marianne Moore Un des plus grands poètes de langue anglaise du XXe siècle. Née en 1887 à Kirkwood, Missouri, dans une famille d'immigrants. Morte en 1972 à New York City. Selon ses propres mots :

Les Irlandais disent que votre peine est leur peine, et votre
joie leur joie ? je voudrais bien le croire ;
les peines me tracassent, et je suis très peu satisfaite ;
je suis irlandaise.

Aucun de ses livres n'a été traduit en langue française.

Peter Snowdon Né en 1964 à Newcastle-upon-Tyne, ville connue pour sa loyauté historique à la couronne anglaise. A enseigné aux université d'Oxford et de Paris III. Membre du comité éditorial des Éditions Autrement.

Des passions divisées

COLLECTION MÉMOIRES

Dublin 1904-1924

Réveil culturel, révolte sociale, révolution politique : un patriotisme déchiré

Réveil culturel avec Joyce, O'Casey, Yeats. Réveil social avec la grande grève de 1913. Réveil idéologique, politique et militaire, avec le soulèvement nationaliste de Pâques 1916, les sanglants combats de la guerre d'indépendance (1919-1921) et les déchirures d'une guerre civile ruineuse (1922-1923).

Avec Jacques Aubert, Paul Brennan, Terence Brown, Norman Jeffares, Richard Kearney...
Dirigé par Maurice Goldring, Pierre Joannon et Patrick Rafroidi.

N° 6, 288 p, 120 F.

COLLECTION MONDE

Irlande

Les Latins du Nord

Irlande des prés en fleurs, des sentiers en genêts. Et soudain, soldats en armes. Route barrée et chevaux de frise. Cliques en uniforme, bousculades, drapeaux arrachés. Claquement d'une balle. Villes en sanglots. Sortie de messe. Exubérance. Irlande des samedis et des grandes rues.

Avec Pierre Assouline, Sorj Chalandon, Maurice Goldring, Sean Macbride...
Dirigé par Michel Sailhan.

HS 23, 240 p, 110 F.

Éditions Autrement

Directeur-rédacteur en chef : Henry Dougier. *Rédaction :* Mohammad Ali Amir-Moezzi. Jean-Claude Béhar. Nicole Czechowski. Peter Snowdon. *Fabrication/Secrétariat de rédaction :* Bernadette Mercier, *assistée de* Hélène Dupont *et de* Alice Breuil. *Maquette :* Patricia Chapuis. *Service financier :* Éric Moulette. *Gestion et administration :* Agnès André. Hassina Mérabet. Christian Da Silva. *Service commercial :* Patrick Leimgruber. *Service de presse :* Agnès Biltgen.

Abonnements au 1er janvier 1996 : la collection « Monde », complémentaire des collections « Mutations », « Morales » et « Mémoires », est vendue à l'unité (120 F par ouvrage) ou par abonnement (France : 650 F ; Étranger : 770 F) de 7 titres par an. L'abonnement peut être souscrit auprès de votre libraire, ou directement à Autrement, Service abonnements, 17, rue du Louvre, 75001 Paris. Établir votre paiement (chèque bancaire ou postal, mandat-lettre) à l'ordre de NEXSO (CCP Paris 1-198-50-C). Le montant de l'abonnement doit être joint à la commande. Veuillez prévoir un délai d'un mois pour l'installation de votre abonnement, plus le délai d'acheminement normal. Pour tout changement d'adresse, veuillez nous prévenir avant le 15 du mois et nous joindre votre dernière étiquette d'envoi. Un nouvel abonnement débute avec le numéro du mois en cours. Vente en librairie exclusivement. Diffusion : Éditions du Seuil.

Directeur de la publication : Henry Dougier. Revue publiée par Autrement.
Comm. par. 55778. Corlet, Imp. S.A., 14110 Condé-sur-Noireau. N° 14778.
Dépôt légal : 1er trimestre 1996. ISBN : 2-86260-581-6. ISSN : 0336-5816. *Imprimé en France.*